HUMAN NATURE
这就是人性 2

认知觉醒的底层逻辑

王心傲 著

台海出版社

图书在版编目（CIP）数据

这就是人性.2,认知觉醒的底层逻辑/王心傲著. -- 北京：台海出版社，2023.3（2024.12 重印）
ISBN 978-7-5168-3523-4

Ⅰ.①这… Ⅱ.①王… Ⅲ.①心理学—通俗读物 Ⅳ.① B84-49

中国国家版本馆 CIP 数据核字 (2023) 第 048640 号

这就是人性.2，认知觉醒的底层逻辑

著　　者：王心傲	
责任编辑：赵旭雯	封面设计：异一设计

出版发行：台海出版社
地　　址：北京市东城区景山东街 20 号　　邮政编码：100009
电　　话：010-64041652（发行，邮购）
传　　真：010-84045799（总编室）
网　　址：www.taimeng.org.cn/thcbs/default.htm
E - mail：thcbs@126.com

经　　销：全国各地新华书店
印　　刷：三河市嘉科万达彩色印刷有限公司
本书如有破损、缺页、装订错误，请与本社联系调换

开　　本：880 毫米 ×1230 毫米	1/32	
字　　数：170 千字	印　　张：7.5	
版　　次：2023 年 3 月第 1 版	印　　次：2024 年 12 月第 10 次印刷	
书　　号：ISBN 978-7-5168-3523-4		

定　　价：56.00 元

版权所有　　翻印必究

写在前面

人性看似扑朔迷离,但是背后其实都有着深刻的规律。所有有所成就的人士,大都是对此洞悉深刻的高手。

在《这就是人性》这本书里,我结合自身经历和咨询案例,对自己多年来对人性的洞察做了系统总结,梳理了大家普遍存在的一些由来已久的错误思维。很开心的是,不少人因这本书而受益,我也因此收到了很多感谢信息,并且在众多读者的呼吁下,我又创作了《这就是人性2》。我希望更加深入地把人性背后隐藏的真相揭露出来,帮助大家在这个复杂的社会更加清醒地活着。在这本书里,我主要通过三部分来系统地阐述人性。

第一部分主要讲解人性逻辑。一个很残酷的真相是,很多人懒于思考,看待事情的时候思维往往停留于表象,这就导致他们要么活得浑浑噩噩,生活里充斥着烦恼和痛苦;要么很努力,却一直在做无用功,看不到结果。因此在这部分内容中,我梳理了世俗流行的很多错误认知,陪读者重新认识利益、道德和金钱背后的人性密码。

在第二部分，我尽量梳理了大部分人存在的思维误区，希望能够帮助读者看破生活假象，回归客观。这是一个人真正走向成熟的开始，也是一个人人生改变的起点。毕竟一个人的思想认知很大程度上影响着其行动，而行动导致了结果。所以当认知重塑后，也许你的逆袭时刻就将到来。

第三部分的内容关于人性的深度运用，希望帮助读者实现野蛮生长。洞见人性背后的本质规律，提升自己的思维深度，这都不是目的，最终目的是通过对人性的掌握，处理好复杂的人情世故，摆脱诸多痛苦，最大限度地实现自我成长。

总之，你可以把这本书当作一本人间生存手册，我希望它能够帮你在复杂的社会里智慧前行，避开种种陷阱，通透地活着。

尽管这本书揭露的人性内容太过直白，可能会引起一些人的不适，但我希望你能系统地看完。当然，我更希望你能通过这本书，真正拥有一种从容坦然的精神，拥有直面生活的勇气，拥有清醒活着的智慧，也拥有无畏前行的力量。

人的大多数痛苦和困境，都是对人性的认知浅薄造成的。跳出自己的主观幻想，走向客观，了解自己，掌握规律，才能更好地面对充满不确定性的未来。

希望通过这本书，你能更好地活在当下，走好每一步，幸福、清醒、智慧而又具备力量。

目 录
Contents

第一部分
人性逻辑：别相信人，要相信人性

第一章　用利益去考验人性，你也许会输

趋利避害是人性，所以义才可贵　　　　　　　　2

不碰利益，人无坏人　　　　　　　　　　　　　8

精明的利己主义者　　　　　　　　　　　　　　18

第二章　懂道德让你成为好人，懂人性让你成为富人

总和你谈感情的人，就是想少点付出　　　　　　25

即使想做好人，也要树立底线　　　　　　　　　34

你被"好人"人设标签绑架了吗？　　　　　　　　42

第三章　金钱，可以检验人性

悟透赚钱的底层逻辑　　52

你赚的每一分钱只会在认知空间内震荡　　62

营造错觉，左右对方的价值判断　　69

第二部分
认知觉醒：提升认知，看破生活假象

第四章　没有交换意识，哪有人脉关系

怕小人，不算无能　　81

为自己的人生负责，不要过度依赖他人　　88

圈子不同，不必硬融　　95

第五章　打破思维禁锢，在内耗中找对出路

普通人要逆袭，首先得扒三层皮　　　　　　　　98

想要活得通透，就要学会深度思考　　　　　　　104

要成事，从三个维度打破禁锢　　　　　　　　　117

第六章　成年人的顶级自律，是克制纠正他人的欲望

死不认错是人类共有的本性　　　　　　　　　　121

境界高的人不会随便给人提建议　　　　　　　　129

过来人的话，其实是让人为难的经验　　　　　　136

第三部分
野蛮生长：对己逆人性，对外顺人性

第七章　成长的真相，都是逆人性的

心理内耗：为什么你活得这么累？　　　　　　　144

为什么很多年轻人不愿意结婚了？　　　　　149

怎样不被带节奏，保持独立思考？　　　　156

第八章　顺从人性，轻松经营出好关系

面对过分的要求，不会拒绝怎么办？　　　164

可以付出，但不要有付出感　　　　　　　177

如何提升自己的领导力思维？　　　　　　183

第九章　人性亘古未变，学会野蛮生长

免费的东西人人喜欢，却无人珍惜　　　　193

别人对你是好还是坏，取决于你　　　　　197

做人最怕心里想要利益，嘴上却讲道德　　200

普通人逆袭的27条人性真相　204

第一部分

人性逻辑：别相信人，要相信人性

# 第一章
用利益去考验人性，你也许会输

趋利避害是人性，所以义才可贵

为什么很多人明明能力出众，但日子却过得特别差呢？其实很大程度上就是因为他们对人性的了解不够深刻，没有悟透"利"和"义"这两个概念的深刻内涵。他们在本该争名逐利的时候错过了机会，在该讲道义的时候又为了利益去撕扯。接下来我们一起理解下何为利、何为义。

利和义存在的必要性

首先，何为义？"义"这个字其实来自中国传统的儒家思想，"义者，宜也"，简而言之，就是在"仁"的思想指导下，做该做的事情。义，是仁的外化。孟子曰："鱼，我所欲也；熊掌，亦我所欲也。两者不可得兼，舍鱼而取熊掌者也。生，亦我所欲也，义，亦我所欲也。两者不可得兼，舍生而取义者也。"

什么意思呢？鱼是我想要的，熊掌也是我想要的，如果两者不能都要，我便放弃鱼而获取熊掌。生命是我想要的，道义也是我想要的，如果两者不能都要，我便放弃生命而获取道义。所以

在孟子看来，义比生命都重要，更何况是利？

虽然孟子的说法和人类趋利避害的本性不太相符，但这是中国人的精神支柱之一。如果人人都舍义而逐利，那么整个社会就会变得冷漠无情。所以，从这个方面来看，义当然是需要的。

再深入一点分析，人都是群居动物，不同区域的人聚集在一块儿，形成了一个庞大的组织，这个组织叫作国家。那么从整个国家层面来看，如果没有"义"这种精神支柱做支撑，那后果可能就是产生暴乱，社会也会变得不那么安定。

"义"和我在《这就是人性》中分析的道德，本质是一样的。你会发现，历史上的君王除了保证武力的强盛之外，另外一个比较重要的布局就是道德，也就是不断地向自己的民众宣传道德思想的重要性。目的就是为了让人们能够讲仁义、守道德，思想上不偏激，从而减少不稳定的因素。

包括现在的公司想要做大做强，除了要有好的组织架构、好的管理方式外，非常重要的一点是确定公司的价值观。这也是从思想上保证人心安定，使员工能够更齐心地工作和互助合作。

那么读到这里，我们可以简单做个总结，就是说"义"肯定是有存在必要性的，但它不是天生就有的，而是后天习得的。

那什么是"利"呢？这个更容易理解了，简单说就是利益。利益不仅包括物质上的利益，也包括精神上的利益。与"义"不同的是，趋利是人的一种天性。讲得再明白一些，就是人生在世，基本上所有的行为，都是以求利为目的，包括人类第一次爬树、第一次直立行走、第一次使用工具。

所以读到这里，你应该有一个认知：义是需要的，是人类社会得以稳固的基础，也是一个人处世的根本。利也是必不可少的，是人类社会发展的动力，也是生存下去的根本。可以说，正是人性中对"利"的渴求，使得人类能够在几百万年中生生不息，不断发展。

所以，"义"是需要重视的，但是重利的人也未必是小人，不过是人性的自然流露而已。

天下熙熙，皆为利往

作为成年人，你首先要有一个认知，就是人性是自私的，是利益至上的，这是由人的本性决定的。进化论认为，所有本能、冲动和情感的进化都只有一个目的：生存和繁衍。所以，生存和繁衍是人类刻在骨子和基因里的第一需要，否则人类早就已经灭绝了。趋利避害的属性让一个人得以生存下去。

其实，最低等的动物，比如草履虫都具备趋利避害的功能，更别说其他动物，大部分动物已经将这一功能进化成自动化反应。为什么手指被火烧了，你会马上把手缩回来？为什么看见老虎，你会在第一时间跳起来撒腿就跑？为什么一看见美食你就会流口水？这是动物在生存和发展中进化出来的最基本的生存功能，没有这个基本功能的动物都灭绝了。

人类从原始社会不断进化到现在能够存活下来，很大原因是我们人类懂得趋利避害，所以：

- 父母的爱是因为人性吗？是的，保护孩子是为了繁衍后代。
- 爱美是因为人性吗？是的，爱美是为了获得繁衍的机会。
- 炫富是因为人性吗？是的，炫富是争取异性，获得繁衍的机会。

所以我们老话才说"天下熙熙，皆为利往"。既然趋利是一种人性特点，那么一个人成熟的标志首先就要接受人性的这个特点。

如果一个人嘴巴上喜欢跟你讲情义，跟你称兄道弟，你需要小心了。因为人家也许心里未必这么想。因为这种人深知，人性决定了人人都喜欢被奉承、被夸奖，所以用各种感情手段有利于取信于人，从而获得利益。所以我们想要免于被利用，首先应该具备的一个能力就是不要轻信于人。当你要判断一个人是否值得深交的时候，不要听他怎么说，而是要看他怎么做，从行为逻辑去界定一个人。

一个心里真正有你的人，把你当真兄弟的人，是不会经常说这样的话的，他们反而会放在心里，当你有困难的时候直接挺身而出。那种经常口头上对你表忠心的，很可能是想从你这里有所得。比如在酒桌上一个劲儿向你敬酒的人，要么真的对你感恩戴德，要么就是想找你帮忙。

其实很多人的言行都是利益驱动的，千万别把感情太当回事，不然受伤的终究是自己。企业做得再大，一旦破产，你看别人还会不会一如既往地对你好，借钱给你？将军狗死有人埋，将军死后无人埋。别人看中的不是你这个人，而是你背后的利益和资源。

就连找对象也不例外。一个人会爱上另一个人，要么是觉得对方长得好看，要么是觉得对方有实力，要么是觉得对方有才，要么是觉得对方有潜力。如果一样都没有，那大概率是不会产生爱情的。

陶渊明也不否认自己逐利的本性

说到陶渊明，很多人应该都很熟悉，特别是他"不为五斗米折腰"的风骨，实乃真君子。其实他当年也是逐利的，不逐利他何必要去当官呢？在《归去来兮辞》中，陶渊明就把自己当官的目的说得很明确：

"余家贫，耕植不足以自给。幼稚盈室，瓶无储粟，生生所资，未见其术。亲故多劝余为长吏，脱然有怀，求之靡途。会有四方之事，诸侯以惠爱为德，家叔以余贫苦，遂见用于小邑。"

这段话的意思概括起来就是说，我穷，没办法，于是走了叔叔的后门，去彭泽县当了官。所以啊，陶渊明和普通人一样，为了生计也难免要逐利。"逐利"是人的天性，是人想要生存或者生存得更好的基础，这没有错。

鲁迅先生曾说："道德这事，必须普遍，人人应做，人人能行，又于自他两利，才有存在的价值。"在"义"的前提下追求自己应得的"利"，是正常且正当的。正所谓"君子爱财，取之有道"，不必那么不好意思。一味放弃自己应得的"利"，处处宽忍退让，只会助长小人的贪婪。

很多人在公司苦苦熬了很多年，但不管是工资还是职位都没有较大幅度的提高，而很多晚去的人却能后来者居上。为什么会出现这种局面呢？很大一部分原因就是这些人没有一颗正确对待"利"的心，总觉得追逐利益是可耻的，和别人竞争不是君子所为，抹不开脸面。所以每次公司有晋升的机会，大家都挤破了脑袋往前冲，只有这类人退居一旁，摆出一副与世无争的样子。其实，这样做真的可笑又可悲。

真正的有钱人不会觉得金钱是万恶之源，真正厉害的人也不会觉得追名逐利不正确，他们都能够以一种客观的心态去对待利益本身。面对属于自己的机会，他们从不会放过，所以往往发展得更好。

而很多对利存在错误认知的人，觉得谈钱是不好的，谈利益是罪恶的，结果金钱和机会一次次与自己擦肩而过。所以，当你真正明白了利益和仁义这两个概念，才能不轻易掉入传统思想的陷阱。

千万不要觉得我说的这些太残酷、太片面、太尖锐，这就是人性。当然了，我们认清楚这些人性，并非就要去憎恨生活，而是要接受它，看破它，然后热爱生活。就像你知道了人性是趋利的，很多人跟你交往也是为了你背后潜在的利益，那你就应该把更多的精力放在提升自己的价值上，让自己一直"有利可图"，这样才不会被生活伤害。看破人性，才能活得更快乐，才能过得更好。

不碰利益，人无坏人

很多人为什么活得很悲惨呢？其实核心原因就是他们一直都被一些世俗文化洗脑，没有搞清楚道德和人性的关系逻辑。我经常会说的一句话是：懂道德让你成为好人，懂人性让你成为富人。我们当然要坚持做一个好人，而且要成为一个富有的好人。贫穷，很可能会让你成为身边每个人的负担，最终把他们逼成"坏人"。

大多数的世俗文化会推崇一种"靠"的文化,简单来说就是依赖强者的文化。这种文化是怎么形成的呢?其实跟我们长期以来的社会主流价值观和社会结构有关。

首先,我们的文化基因是倾向于保护弱小者的,特别强调人与人之间的依赖性,包括儒家思想备受推崇的鳏寡孤独废疾者,皆有所养。这种价值宣导是有利于社会稳定发展的,但是在后续的践行过程中却慢慢被很多人扭曲了。很多人开始不再注重自己的发展,过分依赖外在力量。

其次,中国属于传统的农业社会国家,农民阶级翻身做主人,因此潜意识中对于缺乏能力的弱者有着很强的保护欲。这类人往往更注重家庭血缘、乡邻之间的团结,在面对强者的压迫上会凝聚在一起。尽管存在极端个人主义假公济私,但总体上这种团结互助的精神是瑕不掩瑜的。

所以,在这两种因素的影响下,这种"靠"的弱势文化开始在大多数人的脑袋里扎根。可是,这种文化的本质是违背人性的。因为"靠"的本质其实就是向外求,就是忽视自己的力量,过分地把希望和机会寄托在别人的身上,对其他人有过高的道德期望。可这显然并不靠谱,更像是一种"自作多情"。

因为很多时候,别人并不会帮助你,即便你先帮助了对方,对方也并不一定会同样回报你,因为这里面有很多不可控因素,比如利益。我以前工作的时候，公司里有一位很心善的同事，能力也很强，但是在一次晋升的重要关头，他却因为另一位老同事年龄大、家境不好，所以就把晋升机会拱手相让。他以为对方能够对此心怀感激，但是没想到的是，对方上任后没多久，就因为害怕将来这位同事威胁到他，于是就想方设法打压他，把他边缘化。

所以，只懂道德，不懂人性，对于个体生存是有很大风险的。因为我们是无法掌控别人的，一旦别人觉得你不可"靠"了，你的人生也就散架了。

除了这些，还有一个很现实的客观真相：人性是复杂多面的，人本来就是一个复杂体。简单说就是，人性有光辉的一面，也有阴暗的一面，有时候像充满善意的救世菩萨，有时候又像凶狠的魔鬼。

人性是复杂多变的

我隔壁村有一户人家，这家人在做饭的时候不小心把房子点着了。结果火势越来越大，把房子烧得一塌糊涂，而且他家里还有一个六七岁的小女孩，两条腿都被烧伤了。事后，邻居们纷纷前去围观。其实这个时候，大多数邻居都已变身为一个复杂体，为什么？

不得不承认的是,他们有去看热闹的心理成分,想亲眼看看这家人具体发生了多么悲惨的事情。他们也有一丝侥幸的心理,心想这事儿还好不是发生在自己家。这难道不是人性的恶吗?当然,看到这家人的房子被烧得一塌糊涂,这家也不是很有钱的家庭,女孩的腿烧伤也很严重,他们确实深表同情。有些邻居还看哭了,纷纷捐钱救助。这难道不是人性的善吗?

所以,人性是善,还是恶?假如你非要分个清楚,那只能说明你还不够成熟,对人性的复杂还没有完全理解到位。就像我在《这就是人性》中分析的灰度思维,人性没有绝对的善和恶,它是有灰色地带的。既然如此,那人性就是复杂多变的,是很难掌控的,是经不起考验的。一旦我们一味地遵循那些世俗文化和道德观,就有可能受到伤害。

你有没有经历过这种事情:你跟一个朋友玩得特别好,好到不分你我了,可是有一天他却背叛了你?你对女朋友特别好,什么事都为她操心,满足她的一切要求,可是有一天她却无情地把你抛弃了?

如果你经历过这种事情,那你对我上面的分析会更认同。我们经常讲,要做一个重情重义的人,要知恩图报,要善良。可是,很多时候,只用感情来经营关系,会使关系存在很大变数。因为人性的本质是自私的,对方对你的善与利益的诱惑有很大关系。

当利益的诱惑达到一定程度之后，人性的阴暗面就会被激发。

道德保证群体利益，人性保障个体利益

读到这里，也许有人会说："不会呀，还有道德来限制和约束人们的行为呀。"确实，道德和公共舆论会影响一个人的行为，但它的力度是有限的。道德就像一把标尺，可是却没有所谓的公共价值尺度。为什么这么说？

一方面，每个人的心里都有一把属于自己的尺子，彼此的衡量标准是不一样的。另一方面，很多人都在用道德标尺来衡量别人，却很难用相同的标准来度量自己。当社会上发生一件很不道德、性质很恶劣的事情时，不同人的看法是不完全一样的。另外，我们往往会站在道德的制高点上评估别人，可是当自己做出类似的不道德行为时，又会毫不犹豫地为自己辩驳。

也可能有人会问：那道德和人性是什么关系？想搞清楚这点，就要从原始社会和人类的种群属性说起。人类是群居动物，老虎、狮子等这些动物都比人类凶猛，但是人类却成了自然界的主宰，为什么？就是因为人类懂得合作，懂得群居。也就是说，个体利益和群体利益是一种互相依存的关系。

如果每个人都追求个体利益，最简单的方式就是不劳而获，抢夺同类的食物，甚至杀死同类，但是这样做所导致的结果就是，

最后群体的数量减少，整体力量被削弱，这时人类就无法单独对抗外界强大的动物，那么最终自己也会死掉。

经过多年的进化，人类就明白了，只有合作，才能更好地存活，但是盲目地、毫无章法地合作同样会滋生很多的问题。那这种问题怎么解决呢？就是有一套约定的规范来制约彼此，这种规范经过长期的演变就成为现在所谓的道德。

所以读到这里，你就应该对人性和道德之间的关系有一个大概的领悟了。人性是追求个体生存和利益的，人性是自私的，一旦人性不受约束，那么人们一定会彼此伤害。道德是用来约束人性，达成群体繁荣的。个体之所以愿意接受道德的约束，接受舆论的影响，就是因为群体的繁荣最终能够让个体受益。所以从本质上来说，也是人性自私的一个高级表现而已。

道德在某种程度上是反人性的

为什么我们说一个人很容易变坏？因为人性中有恶的一面。这一点其实也可以用热力学第二定律"熵增定律"来解释。熵增定律是德国物理学家鲁道夫·克劳修斯和英国物理学家开尔文提出的理论。他们发现，在孤立的系统里，热量肯定是从高温流向低温，此过程是不可逆的。在一个封闭的系统内，事物也会不可避免地自发地向混乱、无序的方向发展。

道德在某种程度上是违反人性的，所以它有时候让人很压抑，而且还需要大量地引导、约束。关于这一点，我们可以从历史角度来看，比如战国时期的商鞅为了实现秦国的强大，就实行了变法。

他在变革措施中提出了愚民思想，简单说就是实行文化专制，让百姓愚昧无知，成为没有思想、没有灵魂的行尸走肉，任由君主驱使。《商君书》里有段话是这么讲的："使民无得擅徙，则诛愚。乱农农民无所于食而必农。愚心、躁欲之民壹意，则农民必静。农静、诛愚，则草必垦矣。"

当然，商鞅之所以提出这样的举措，这和当时的社会背景也是有关的。当时是农业社会，农业的发展是国家富强的根本，战争的胜利则是战胜敌国的最主要手段。因此，农、战是商鞅变法中最主要的内容，"圣人治国之要，故令民归心于农"，而要达到这一点，就要使人民愚昧无知，"愚农不知、不好学问则疾务农"。

此外，儒家伦理文化中的重要思想——三纲五常，本质上也是以道德为筹码对别人进行管束。三纲指的是君为臣纲，父为子纲，夫为妻纲，五常是仁、义、礼、智、信。儒家通过"三纲五常"的教化来维护社会的伦理道德和政治制度。

我认为，这世界上只存在两种人：一种是强者，一种是弱者。弱者很多时候过度信奉世俗道德文化而忽视了学习人性，而强者很多时候都是人性高手,他们懂得用规则来治理人性。简单说,在强者的认知里,只谈道德、不讲规则的社会很虚伪,很无力,所以他们并不会一味信奉道德和规则。

当然,这并不是说道德约束机制就不重要,但是很多时候,道德只是一种自律工具,体现在个人对自我的约束。一旦道德用作他律,不仅会略显苍白,而且往往会超出道德的范围。所以,道德的意义更多是在法律不完善的情况下,最大限度地维护个人权利和社会正义。

举个例子,尊老爱幼本质上就是道德上的一种追求。一方面,我们并不能保证对方同样会讲道德;另一方面,当过分要求道德的时候,道德就容易沦为一种工具。比如老年人或者抱着小孩子的母亲坐公交车,并不是所有人都一定会尊崇道德给他们让座,因为道德的约束力本就有限,只是一种舆论制约。可是如果别人不让座,他们很可能开始站在道德的制高点上肆意谴责和绑架他人,那么道德就成为利己的一种工具。

先谈规则,再谈道德

这个时候,规则的重要性就体现出来了。规则是一种硬性制约,有更大的约束力。道德不是义务,而是一种良知,任何人都没有权利要求别人牺牲自我,成全他人。

胡适先生曾说过：一个肮脏的社会，如果人人讲规则，而不是谈道德，最终会变成一个有人味的正常社会，道德也会自然回归。一个干净的社会，如果人人都不讲规则，却大谈道德、谈高尚，天天没事就谈道德规范，人人大公无私，那么这个社会最终会堕落成一个伪君子遍地的肮脏社会。

所以，人首先应该遵守规则制度，再来谈道德。违背了规则制度的道德没有任何意义，只谈道德不讲规则，这样的社会很虚伪，也很无力。我们不能奢望仅靠道德约束就能建设好一个社会。即使在文明如此发达的今天，我们都在不断完善法律法规，其实就是这个道理。道德教育是心灵约束，法律法规是理性手段。

很多人之所以总是会受伤，很大程度上是因为他们往往理想化地把人想过于很善良、完美，最后被搞得遍体鳞伤才彻底醒悟。再看个老生常谈的故事吧，有七个人住在一起，他们每天分一大桶粥。一开始，他们通过抓阄来决定谁来分粥。每周下来，他们只有一天是饱的，就是自己分粥的那一天。

后来，他们开始推选出一个道德高尚的人出来分粥。结果大家开始挖空心思去讨好他、贿赂他，开始搞各种小团体。最后，大家想出来一个方法：轮流分粥，但分粥的人要等其他人都挑完后，拿最后剩下的一碗。为了不让自己吃到最少的那碗，分粥的人都尽量分得平均。大家快快乐乐、和和气气，日子越过越好。

同样是七个人，不同的规则，就会有不同的风气。

由此可见，对人性的理解程度不同，所导致的结果也不同。我们要理解人性，然后根据人性设计合理的制度规则。不要做一个绝对的非黑即白的人，这世间有很多东西都是有灰色地带的。很多厉害的人都有一个共同特征：菩萨心肠，霹雳手段。如果一心只想着用一颗慈悲心去感化世人，很多时候会得到不如意甚至失望的结果。

很多人对权谋、手段都是很排斥的，觉得这些东西都不应该出现。其实不然，很多时候，想要成功，就要用一些方法，且要有君子风范。厉害的人都是怎么做的呢？他既相信人的能力，又不否认人的本性，所以他用道德来激发人性中好的一面，同时还要用制度来威慑人性中坏的一面。

电视剧《琅琊榜》中有一个片段是这样的，梅长苏去给靖王讲解自己的谋略手段。他对靖王说，我院中这个人叫童路，我与外界的一应对接都由他负责，我对这个人可谓信任至极。可是他的母亲却被我留在廊州，由江左盟照管。我对童路委以重任，用人不疑，这是我的诚心；把他的家人留在手里，以防万一，这是我的手腕。

我当时看完这一段，感触非常深，因为这才是真正意义上的强者。很多人往往会特别迷信感情，觉得我跟你建立感情了，我曾经对你好了，所以等我需要时你就会念及感情，也对我好，不背叛我。其实如果你有这种想法，说明你还太过天真。

人性是善变的，是复杂的，有很多因素都会导致一个人改变曾经的想法，做出一些出乎意料的行为。所以，在与人交往中，我们可以这么做：我愿意相信你，愿意对你好，但同时我也会使用一些方法以避免你做出超乎我预期或伤害我的事。我们可以相信一个人的善良，但是同时也不能低估人性的恶。

读到这里，你的思维有没有感觉到一丝动荡？如果你能把这些道理悟透了，那么接下来你对很多事物的认知和看法都会改观。

思想引领行动，当你的认知改变了，很多时候，你对一件事情的处理方式就发生了改变，你所拥有的选择也会增多。所以无论何时，也不要放弃持续不断地提升自己的思维，升级自己的大脑。只有这样，你才能在人生的道路上越走越顺利。

精明的利己主义者

人性不仅自私，趋利避害，还有一个特点就是势利。认识到这一点，才能坦然接受人性的复杂。可能有人不认同，那么我们先看几个常见的案例，你就明白了。

家里有孩子的应该都深有体会，哪怕他在很小的时候都会表现出一个特征：谁对他好，他就跟谁亲。良禽择木而栖，穷在闹市无人问，富在深山有远亲。这背后的核心是什么？其实就是人性的势利。我们不妨回答以下这两个问题：

1. 你更喜欢与有能力、有资源的人交朋友，还是和普通人交朋友？

2. 你希望自己的孩子有美好的未来吗？你希望他跟什么样的人交朋友？

想必，你也会做出对自己更有利的选择。所以，势利本身只是一个中性词，是人的本性之一。从进化论的角度来看也是一样的，生存是人类所有行为心理的出发点，如何才能有更大的概率生存下来呢？自然是获得更多的生存资源，所以人会天然地依附掌握着更多生存资源的人，并努力在最短时间内获得尽可能多的利益。这就是势利的基本心理成因。

所以势利本身就是人的天性，如果人类不势利，这就意味着在严酷的生存竞争中存活下来的概率很低。我们本质上都是势利者的后代，都是经过了一代又一代的更迭与淘汰。

当然，我们也不用见到一个人，就跟他说"我是很势利的"，而是在内心深处一定要明白，我们每个人本就是生而势利的，都会做出对自己最有利的选择。

既然人类天性里有"势利"的基因，那么人为财死，鸟为食亡，本就是天经地义的，为什么很多人不敢接受这个客观真相呢？这背后也是有逻辑可循的。

为了占到便宜，人们将势利的本性贬义化

势利其实是一个受尽委屈的词，这是每个人都具备的客观本性，但是自从势利一词被创造出来后，就一直被人为地附上了贬义的色彩。这就是出于占便宜的心理。如果人人都势利，都为自己的利益着想，那么很可能导致的后果就是，人人都赚不到利益。但是当大部分人都羞于这样做，而少数人这样做的时候，后者就能够轻松获利。

当然，即使有人这样做，他们也不会宣之于口。因为如果他们承认自己是势利的，一直在追求自己的利益最大化，那就没人愿意和他们玩了。因为他们既想从别人身上占便宜，又不想被人占便宜。那么，你看出了些什么？

我们嘴上都说着势利不对，但事实上，我们有时在行为上都在做着势利的事情。更可怕的是，大脑是会骗人的，如果一直这样说，一段时间以后，大脑很可能就信以为真了。如此，我们就从"只想获利"变成"真的嫌弃别人的势利"。这就很危险，因为我们对别人的"合理"行为做出了错误的反应。

这就好比公司的老好人，为了不让别人说他势利、自私，面

对本来属于他的机会，他却不敢去争取，拱手相让。看到那些敢于积极追求自己合理权益的人，他却觉得对方卑鄙。

势利本身并没有什么错，很多人不是看不清自己的行为，只是不愿意承认自己的目的罢了。当你说他势利的时候，他会咆哮着找出一些片面的生活片段出来，当作证据告诉你："看，我并不势利！"他们以此当作借口，好似这样就可以堂而皇之地避免直视自己内心那些貌似"阴暗"的部分，这才是最糟糕的。

就像情绪不能强忍一样，势利的本性也是不能长期压抑的。我们真正应该做的是，在自己的内心深处勇敢地承认自己的势利。只有更坦然地认识自己，我们才能在重要关头不被舆论压力绑缚，从而做出真正意义上最有利于自己的选择。

从"势利"的角度来讲"人缘"

你有没有想过，有一天自己也能成为一个人缘极好的人，被大把的人围着转？肯定有。但是你有没有想过，什么样的人最受欢迎？有钱人、幽默的人、老好人……其实如果真要将他们归类，大致画像应该是有正面资源或有潜在的正面资源可贡献的人。

他们之所以受欢迎，是因为人人都喜欢靠近这些潜在或正面资源的拥有者，这意味着跟他们凑在一起得利的机会更大。这种利益或许是物质上的，或许是精神上的，这就是人们势利的本性导致的。

正如收入可以分为资产性收入和劳动性收入一样，在《认知突围》这本书里，作者蔡垒磊把人缘也分为资产性人缘和劳动性人缘。很多有钱人从来不请人吃饭，也不主动给人好处，但就是有一堆人围着他们转。这类就属于资产性人缘，他们的好人缘建立在他们有值得别人"图谋"的地方。所以哪怕他们从不主动施加什么恩惠，但只要有潜在的收益期望存在，好人缘就会一直存在。

当然，老好人的人缘也不错，但他们的好人缘建立在能给人提供即时性的正面反馈上。他们从不得罪人，会让别人的心情很舒畅，对于别人的求助，也会尽可能尽心尽力地帮忙。这类就属于劳动性人缘。下面，我们再来仔细对比一下这两种人缘的"可怕之处"。

首先，劳动性人缘必须时刻维持劳动状态，也就是要一直处于施恩状态。老好人必须一直无底线地付出，只要从某一刻开始，他拒绝别人的请求，那么前期的积累就趋向于零。记得我在《这就是人性》中讲述的这样一个案例：某同事初入职场，把公司所有的杂活全包了，整理文件、扫地、换桶装水等，表面上看大家对他印象都不错，可是有一次他身体不舒服，没有打扫卫生，全公司的人都来数落他……这就是劳动性人缘的坏处。

相对来说，资产性人缘则要好得多，它与劳动性人缘之间的区别主要在于是否主动提供资源和利益。在大部分情况下，劳动性人缘的付出是被动的，是受环境裹挟的。而资产性人缘则拥有主动选择权，人人都想跟他建立关系、交换资源，且很多人会将自己的资源主动献上以示诚意。至于最终同谁"建交"，主动权一直握在这类人的手里。

有些人天生自带光环，拥有资产性人缘，但是有些人没有啊。确实，并非所有人都是一出生就拥有资产性人缘。不过这没有关系，资产性人缘也需要不断地积累，提升自己的价值。

当然，在自己一无所有的时候，也可以通过积累大量的劳动性人缘让自己更有安全感。为什么会更有安全感呢？这有点类似于广结善缘，我们付出的劳动越多，就越有更大的概率获得回报。不过，如果你和对方的差距太大，就不要再用这种策略了，因为你主动提供"劳动"的意义不大。无论你想跟对方进行单次还是多次交换，对方都几乎不可能回报你，因为对方没有同你进行交换或建立联系的必要。这样，你的单位时间利用率就会非常低，近乎为零。

当我们主动提供"劳动"的时候，多数都是在表达想建立长期交换关系的姿态，但这个策略仅适用于与对方的差距并不是那么大的情况下。在此之前，请先埋头积累。如果你想在积累的同时通过"建交"来获利，可先将你的目标转向与你对等或略胜于你的那个群体。

当你越发深入地领悟这些内容，你的内心越会有恍然大悟的感觉，以前你看不懂或者看不惯的事情，现在也觉得没什么大不了的。

人性天生就是势利的，这是客观真理，你需要接受这个本性，认可这个本性，不然很容易就会被世俗道德所绑架。你可以回顾一下曾经被情感绑架而后悔不已的经历，那感觉是否很糟糕？接下来，我们继续讲解"人缘"的本质，很多人都在做"劳动性人缘"，结果一停止付出，之前积累的所有人缘就完结了。

# 第二章
懂道德让你成为好人，懂人性让你成为富人

总和你谈感情的人，就是想少点付出

李明在一家私企工作，待遇挺不错。这天发小主动过来投奔他，李明想都没想就答应了，还费了很大的力气把他弄进公司，争取到一个很不错的职位。李明觉得公司里有自己的好兄弟，彼此间也好有个照应，可是后来发生的事让他后悔不已。

原来发小进入公司后，因为脑子灵活，没多久就上位了，混到跟他差不多的等级。后来，公司经理一职空缺，老板有意从优秀员工中选取一个人担当此任。李明和发小都是备选之一，他想着公平竞争，可没想到的是，发小却用卑鄙的手段抢到了位置。李明后悔不已，他不理解为什么发小会这样对自己，明明当初如果没有自己，他还在外面辛苦讨生活。

这样的剧情，你见过吗？或者说，曾经在你的身上上演过吗？事实上，这样的情况太多了，职场的复杂之处就在于人心难测。精神分析学家弗洛伊德的心理动力论可以在某种程度上解释这个问题。

弗洛伊德认为，人格结构可以分为本我、自我和超我。本我是本来的我，它是充满原始欲望的、冲动的；超我是受到期许的我，它必须符合社会规范的要求；自我则是本我和超我互相冲突的场域，它是充满矛盾的、紧张的，同时也是我们与他人互动时所表现出的一面。

举例来说，假设我在街上看到一位美女，我忍不住多看她两眼。这就是本我，它是受本能驱使的，遵循不受限制的享乐原则。那什么是超我呢？超我代表的是道德规范和社会禁忌。自我是什么呢？自我是在现实条件下，通过权衡本我和超我的需求而做出的决定。自我会这样想：万一我一直盯着别人看，被当作偷窥狂怎么办？这样我有可能被公司开除，被朋友鄙视，被亲戚批判，等等。这样综合考量后，我决定放弃这么做。

对于大部分人来说，本我和超我的发展水平一直都是恒定不变的，只有自我会根据现实情况做出不同的决定。当然，不排除修行境界很高的人，他的本我程度会降低很多，超我的发展水平会很高。所以人心难测的本质是什么？是因为我们面对的都是自我，而自我是在权衡中变化的。当外在的背景或者内在的主观衡量标准变化时，一个人就可能做出跟以前截然相反的行为。

所以，在重大利益面前，人的自我就可能因诱惑太大而经不起考验。发小处于危难的时候，李明拉了他一把，他认为发小一定会对自己感恩戴德,可这终究只是个人的一种道德期待。在对方没有面临重大利益诱惑的时候,这种期望是有可能实现的。可是一旦有利益的诱惑,发小很可能会为了达到自己的目的而不择手段,这时候往日情分一下子都烟消云散了。所以,不要觉得这个发小多么恶毒,这只是人的一个本性表现而已。

我学营销的时候,老师就告诉我,这个世界上很少有绝对无私的人。那些看上去无私的行为,背后很可能有图谋,只不过那个图谋可能是一种远期利益,或者说是一种披了"道德外衣"的利益,导致我们不能直观地看到背后的自私。

那么问题来了,当你面临巨大的利益时,你要怎么做?

价值比感情更重要

前段时间,有个朋友找我喝酒,几杯酒下肚之后,他就开始向我诉苦。疫情原因导致他失业了,全家的重担压得他喘不过气来。我很好奇地问:"你之前在公司不是干得挺好吗?为什么最后落得这样一个结局?"他叹口气说:"一想到这里,我就生气,当初为了搞好跟同事的关系,我付出了多少心血啊,我讨好所有人,大家都跟我称兄道弟的。可是公司遇到点困难,我却第一个被踢出局了。"

他之所以被踢出局,根本原因在于一直经营没有价值的感情,而忽视了真正的核心——价值。要知道，公司不会养没有价值的员工，一个不能为公司创造价值的人，是不会被重用的。在经济形势一片大好的情况下，这样的人可能还会被留用。但当公司遭遇危机的时候，最先被踢掉的肯定是这种人。

带不来价值的感情是廉价的。所以，不要觉得你跟对方关系好，对方就会不看僧面看佛面。如果你所求的事情对于对方而言是举手之劳，或者没有损害对方的利益，他可能还会伸出援手。但是一旦牵扯到对方的利益，他一定会毫不犹豫地做出最理性的选择。

很多人之所以受伤，其实就是对"关系"这个概念没有真正理解清楚。我在《这就是人性》里面已经讲过了，世间的关系，本质上都是为了个人利益所服务的。人类的智慧虽然要远比其他动物高，但单独作战的能力其实很弱。所以在远古时代，人类在面临残酷的生存环境时，就学会了抱团取暖，相互合作，以便更好地生存，这就是关系产生的起源。

那么，我们倾向于和谁建立关系呢？显然是能力更强、价值更高的人。所以，所有关系的背后都有一个隐藏要素，叫作价值。你如果本身没有价值，只是给别人一颗真心，大概也不会被珍惜，对老板来说更是如此。老板雇佣员工，要的是利益，感情固然重要，但建立在价值基础上的感情才是弥足珍贵的。

在《上行：可复制的突围之道》里，蔡垒磊提到了一个概念"真实话语权"，我觉得很有意思。真实话语权既不分角色，也不分头衔，更不分岗位。拥有真实话语权的人最大的可能是老板，当然也可能是投资人，或者是某位员工。

如何获得真实话语权呢？它并不是由谁分配的，而是靠自己"挣"来的——谁在价值协作中提供了更多不可替代的贡献，谁的真实话语权就更大。比如在某家公司中，你虽然是大股东，但合伙人揽下所有重责，辛勤耕耘，这家公司少了他比少了你还严重，那么他的真实话语权就大于你。

所以，聪明人都有一个默认的做事顺序，那就是先创造价值再经营关系。你有价值了，能给老板带来利益了，老板自然会提拔你。当你身居要职，能给其他人创造更多的价值了，那其他人就自然而然主动来跟你搞好关系。

刘润在《底层逻辑》一书中也分享过这方面的想法。他说一个人的财富基本盘有两个组成部分，第一个是你自己的本事，第二个是你和其他人连接的本事。前者是1，后者是1后面的0，而且后者是前者的放大器。其实这背后的逻辑是一样的。

对于年轻人来说，在你踏入社会之后，不要一开始就忙着结交更多的朋友。你自己没有价值的时候，再多的朋友都不会对你有太大的助益，而且会随着时间的推移慢慢淡出你的生命。你首先要聚焦的是自己的价值，这样才会有人主动来跟你结交。这时候，你就轻松多了，因为你是行使主动选择权的人。

把道德当武器的人，都是弱者思维

很多人认为，只要自己先付出，关键的时候能拉别人一把，就会主观地产生一种道德期望，认为自己有困难的时候，别人也会帮自己。如果别人没有帮他，他就抱怨别人是不道德的，是白眼狼，要受到上天的惩罚……其实这都是弱者思维。那强者有着怎样的思维逻辑呢？在法律允许的范围内，把竞争对手击败，自己成为行业老大，不对他人抱有道德期待，更不指望他人拯救自己。

道德学说是很多伪君子擅长的一套东西，《笑傲江湖》中的岳不群满口仁义道德，却把人性趋利避害的本性展露得一览无余。岳不群行走江湖的名号叫作"君子剑"，平时他也总是以文质彬彬、颇有涵养的君子面目展示于家人、徒弟和武林同道乃至仇敌面前。他永远都表现出满满的正能量，"颊下五捋胡须，面如冠玉，一脸正气"，从不轻易动武，即便偶尔"与人过招也毫无霸气"，而是"蕴藉儒雅"。

可这不过是伪装，实际上，他对《辟邪剑谱》早就垂涎三尺，夺得剑谱后，为了杀人灭口，他不惜砍伤林平之，诛杀八弟子，并且嫁祸给毫不知情的令狐冲,甚至号召"正派诸友共诛之"。

他亲手害死恒山派两位师太,在众人面前却信誓旦旦:"这事(捉拿凶手)着落在我身上,三年之内,岳某若不能为二位师太报仇,武林同道便可说我是无耻之徒,卑鄙小人。"

总之,道德不是人性,更多的是一种工具。生物学家在最接近人类的灵长动物中做过这样的实验:实验人员把五只猴子关在一个笼子里,笼子上方有一串香蕉。另外,笼内还装了一个自动装置,一旦侦测到有猴子要去拿香蕉,马上就会有水喷向笼子,猴子都会被淋一身湿。刚开始,有只猴子去拿香蕉,当然,结果就是每只猴子都淋湿了。之后,每只猴子都尝试一遍,发现莫不如此。于是猴子们达到一个共识:不要去拿香蕉,以免被水喷到。

后来实验人员放出其中的一只猴子,换进去一只新猴子A。A看到香蕉,马上想要去拿,结果被其他四只猴子打了一顿,因为这四只猴子认为A会害它们被水淋到,所以制止它去拿香蕉。A尝试了几次,被打得满头包,也没有拿到香蕉,当然,这五只猴子都没有被水喷到。

再后来,实验人员又放出一只旧猴子,换进去另外一只新猴子B。B看到香蕉后,也是迫不及待地要去拿。同样,其他四只猴子打了它一顿。尤其是A打得特别用力。B试了几次后,只好作罢。慢慢地,实验人员把所有的旧猴子都换成了新猴子。大家都不敢去动香蕉，它们也不知道为什么，只知道动香蕉会被打。

所以《反本能》一书的作者卫蓝曾说，从作用上看，道德的形成是基于社会世俗化的规章制度，以满足绝大多数人的利益。凡是违反这些规定的，往往都会给部分人带来伤害，而为了避免这样的伤害再次发生，他们也会惩罚违反者，从而形成一种大多数人都认可的"社会契约"。

即便康德努力地区别个人利益和绝对理性的道德，提倡绝对的道德观，但事实是，道德的形成必然有着其社会意义和背后的利益关系。另外，由于没有严格的评分标准去衡量道德，人们只以普世价值观为简单衡量的尺度，所以标准往往会倾向于主观。用相对主义去解释就是，当事人会更倾向于最大化自己的利益。正如古斯塔夫·勒庞在《乌合之众》一书中说的：人性最大的恶，就是只肯用自己的尺子衡量别人。群体会让每个人在其中的错误缩小，同时让每个人的恶意被无限放大。

所以，我们要讲道德，但也要能跳出道德的束缚，这点非常重要。成大事有时就要心狠，很多人之所以做不到，就是因为有道德枷锁。当初韩信手握兵权，刘邦已经起了杀他的心，韩信手下劝他早做防备，甚至取而代之，可是韩信却念着刘邦当初的知遇之恩，没有听从建议，结果被杀了。

再看刘邦为什么能成事，就是因为他能跳出道德约束。有一回项羽捉住了他父亲，并以此为要挟，来迫使刘邦投降，否则就把刘邦的父亲放入大缸之中活活煮死。可是刘邦却对项羽说："你我曾结为兄弟，那么我的父亲也就是你的父亲，如果你一定要煮了你的父亲，就请分我一杯肉羹吧。"

所以，喜欢把道德当武器的人，其实都是弱者思维。一个人到处宣传仁义道德，大概率是这两种情况：

1.自己被这些观念束缚，属于受害者。

2.为了让别人对自己讲道德，自己好从中获利。

再讲个故事。前几年，一个朋友向我借钱，当时我是真没钱，但我怎么说，他都不信，最后说了句"没想到你是这种人，竟然见死不救"，然后把我拉黑了。后来他又去找另外一个朋友借，那人咬咬牙借给他了。十多年过去了，这几个人里就我过得要好一点，那个曾经拉黑我的朋友反而总是对我嘘寒问暖，每次回老家，他都会开车来接我，但对借钱给自己的那个朋友反而不闻不问，而且还私下说了他不少坏话。

有点残忍，可这就是现实。多少人像我那个可怜的朋友一样，不懂人性，好心没好报。不要天天用嘴巴来追求公平、感情、道德、情怀，最后只会被弄得遍体鳞伤，什么都得不到；而是要拼命地提升自己，通过让自己更有价值来换取自己想要的一切。

这个时代，强者才有话语权。生活，就是在社会制定的框架之内合法地获得更多的机会、财富、权力。所以,成年人应该有的觉悟是,既要享受感情带来的幸福感,同时也要接受感情背后利益的真相,直面人性,不被条条框框的束缚和禁锢所限制,这样才能带着一颗包容豁达的心,走得更远。

即使想做好人,也要树立底线

许先生是我的一位朋友。他精通四国语言,学识渊博,工作能力也很出色。但是他在公司干了很多年,却依然在老位置上晃悠。为什么呢?我会把答案写在篇尾。我们再来看几个有意思的故事。

案例一:有情人难成眷属,只因兄弟情

吴刚和刘条不仅是同事,更是拜过把子的兄弟。吴刚性格内向,刚到店里的时候没少遭受冷眼,也没少挨欺负。这个时候,刘条站出来,主动为吴刚解决了不少麻烦。吴刚是个老实人,他把这恩情一直记在心里,后来两人索性就拜了把子,关系也是越来越好,好到穿一条裤子都不嫌挤。

可是,好景不长,有一天店里又来了一位女同事,长得漂亮极了。吴刚和刘条都想追求她。私下里,刘条也没少跟吴刚说自

己的心思，还请吴刚出谋献策。这一切都让吴刚纠结不已。为什么呢？经过一段时间的相处，女同事很明显对吴刚更有好感，甚至有好几次暗示吴刚想一块儿吃饭。吴刚也很喜欢她，但一想到好兄弟刘条也喜欢，他就头疼不已。

一方面，他觉得朋友"妻"不可欺；另一方面，当初刘条对自己那么好，自己若是抢了他的心上人，就太不地道了。面对女同事的暗示和间接表白，他选择拒绝。女同事看到自己屡次暗示未果，也对吴刚失望透顶，一个月后选择辞职。走的那天，她对吴刚说道："哼，你就不算个男人，一点勇气也没有，你单身一辈子吧。"吴刚听完这些话，内心说不出的难受。

案例二：公司8年元老，能力突出，但每次晋升都没有他

老李，妥妥的公司元老，公司创办10年，他在公司就待了8年。这倒没什么，但令人惊讶的是，老李能力突出，但是到现在职位仍然没有什么大的改变。

后来朋友们一起吃饭，刚好有一个是老李的同事，大家闲聊时聊到了老李，这位同事才道出了真相。他说老李不升职是有原因的，因为他就是个老好人。每次公司有职位空缺，他都会表现得像隐士高人一样，不争不抢，还说"你们先来"。

可是，职场如战场，你跟别人客气，别人可不会跟你谦让，

而且很多时候还会努力去争抢。老李不屑于此，自然升职就没他的份了，不可能有人抢着把饭喂到他嘴里吧。

这样的故事每天都在发生。不管是遇到真爱却拱手让人的吴刚，还是机会送上门都不敢去争取的老李，他们的骨子里都坚信人性是善良的，要做正人君子，视手段和策略为罪恶。可是殊不知，正是这些绊住了他们追求幸福或晋升的脚步。

接下来，我将从三个方面"入侵"你的大脑，让你的思维升级一下。

○ 人之初，性本善，还是性本恶？

就连幼儿园的小朋友都会朗朗上口地念道"人之初，性本善"，这句话出自《三字经》这本经典名著。那么人性到底是"本善"，还是"本恶"呢？

如果人类真的是"性本善"，那么社会文化就无须设立一些规矩来限制人的行为，各国的法律或刑典更是形同虚设。因此，正是因为吾等本性非善，所以个体才需要依据这类经典或戒律来培养人格，社会才需要借助法律来维持稳定。

另外，凡是做过父母的都应该感同身受：当你的孩子还是个小婴儿时，他除了样貌是善（可爱）以外，大部分时候的举动连善的影子都看不到。也就是说，婴儿天生以自我为中心，他根本不会站在父母的立场去考虑问题。

他需要什么,就一定要得到,得不到就会哭闹。哭闹无须父母刻意传授,而是婴儿的本能,是他天生就懂的策略。等到他从婴儿成长为幼儿,有一定行动力的时候,他又学会了一边哭闹,一边从哥哥或姐姐的手里抢夺食物。如果抢不到,还会借力父母的帮助。

那么,难道人性"本恶"吗?自然也不是!关于这一点,孟子就举过一个例子:乍见孺子入井,每个人都会生出怵惕之心。也就是说,见到一个小孩子掉进井里了,不管你是好人还是坏人,不管你和这个小孩有没有关系,你都会很害怕、很担心,生出恻隐之心。所以,你能说人性本恶吗?自然也不能。

那么人性到底是善还是恶?其实是不能绝对区分的。如果你对很多事还持有非善即恶、非好即坏、非黑即白的二元对立思维,只能说明你还不够成熟。如果真要对人性做一个评定,我们只能说人性自私。为什么这么说呢?因为趋利避害是任何生物生存发展的必要条件。人作为高级生物体,必然也具有这种天生本能,而自私就是趋利避害本能的社会性表现。

人是由动物进化来的,一开始同样也面临着恶劣的自然环境,比如变幻莫测的天气、凶猛的对手、同类的争夺残杀,这些无时无刻不在威胁着个体的生存。对于这一时期的个体来说,活下来才是第一要义，而活下来的第一步就是往趋利避害的方向发展，那些不适应的个体逐渐被大自然淘汰了。

长期演化后，趋利避害功能便刻在人类的基因中代代遗传下去。于是，每个人一生下来就无师自通地学会了这些由无数先人用生命换来的技能。即使是再不懂事的婴儿也具有趋利避害的本能，这显然有利于保存个体，保存种族，是历史进化的正向结果。而自私就是趋利避害这一生物本能在人类行为上的集中表现。所以，从生物进化论的角度来说，如果不是自私基因的存在，可能今日就不会有人类存在。

只是，自私虽是天性，有利于个体生存发展，但人毕竟还是社会动物，一味地自私不可避免地会导致个体与他人产生冲突，冲突的结果可能是致命的。最终，我们的智能大脑进化出了理性，理性的大脑和自私的大脑都在争夺我们的关注。自私这个天性不断受到道德、舆论乃至法律的制约，形成至今不分胜负的拉锯战。

所以，我们应该要有的觉悟是，不要一棍子打倒自私，完全否定它的意义，而是要客观对待自私本身。我们要接受，自己本就是势利者的后代，而不是妄图用道德绑架，妄图成为一个更"干净"的自己，这样只会让我们决策失误，并且对他人的"合理"行为做出错误的反应。

我们崇尚道德，但不能被道德绑架

在封建社会，很多帝王为了延续自己高高在上的地位，提升安全感，常常使用两个策略。

第一是愚民策略。简单来说，就是希望百姓愚蠢，没有文化，见识浅薄。所以，古时候很多穷人家的孩子是读不了书的。包括在近代，还有"女子无才便是德"的观念……其实，这都是旧时的统治者故意制定的策略。因为只有老百姓的文化浅薄，他们才容易被领导、被操控。

第二是大肆宣扬品质、美德，并形成社会舆论来控制人群。比如"君要臣死，臣不得不死"等君臣纲理，"君子不争""先人后己"等君子节操。

这些价值观影响了很多人。具体表现在：面对本属于自己的机会，却不敢大胆去争取，怕别人说自己自私；即使有获利的机会，也要先人后己，觉得这样才是君子所为。结果，这就衍生出了两种人：

一种是崇尚弱势文化的人，他们极力迎合古往今来传承的这些文化，并将之奉为生存法则；一种是崇尚强势文化的人，他们能够认清人性的复杂，并客观地面对人性，对于属于自己的机会，敢于大胆地争取，不被道德舆论绑架，勇敢追寻机会。

手段不是贬义词

我们这里提到的"手段",是指人为达到某种目的而采取的方法和措施。很多人听到"手段"二字都敬而远之,其实这些脆弱的人要么被利用过,要么害怕被伤害,所以才拼命打击有手段的人。我却不这样认为。就像我们前文说的,刚出生的婴儿都善用哭声来操控父母,难道婴儿是邪恶的?这未免说不过去了。我再举个例子,你就明白了。

我有个女性朋友,人长得很漂亮,心肠也很好,可偏偏嫁了个家暴男。每次被家暴后,这男的就来一顿糖衣炮弹,朋友也就轻易就原谅他。正是因为她的纵容,家暴男就更肆无忌惮,变本加厉。最后,朋友忍无可忍,提前做好准备工作,把老公家暴的细节和证据全部整理好,然后报警了。

请问,举报丈夫这事有错吗?对于秀才,我们可以跟他讲道理;对于好人,我们也能晓之以理,动之以情;但是遇见了兵,你恐怕得先比画一番再说道理。更严重的是,万一不幸遇见了罪大恶极的坏人,你恐怕不得不以暴制暴。

所以,手段从来没有好坏之分,只不过用手段的人有好坏之分,目的有好坏之分。贬低手段的人大部分都是弱者,他们之所以这样坚持,也是有私心的。

首先，弱者有很强的惰性，他们懒得学习和使用手段，但又担心别人用手段来伤害自己，索性就宣传"手段是罪恶，我们要做君子"。其次，弱者往往是最容易被利用的，强者会选定这部分人来传播手段的不光明。那强者这样做的目的又是什么呢？为了垄断。如果越来越多的人知道手段，他们再去用就起不到那么好的效果。只有大多数人都不会用手段，他们会用，才能最大限度地获利。

所以，手段就像一个被扣上了地主老财帽子的老实人，委屈极了。不过，这也是普通人的病症，对于强大的东西，他们不是怀着敬畏的心理，而是妄想通过逃避、抵制等方式来获得所谓的虚假安全感。可是别人会因为你哭着说"你别用手段，我们来公平对决"就放下稳操胜券的筹码吗？显然是不会的。所以，你不用手段，别人用手段，游戏的结果是，你被淘汰。

值得一提的是，大部分人都对战略这个词抱有好感，那么战略和手段有什么关系呢？若是你制定了一个惊天的战略，连战略专家都觉得你的提议很好，但是我想问：在实行战略的时候，要不要配合手段？比如，你的战略方案其中一步是和 A 公司的老总谈判，可是此刻，你却连他的面都见不着，你需不需要用一些手段？

你会发现，很多成功人士的第一桶金是巧用手段获得的。就像我在《这就是人性》中提到的俞敏洪，他当初办英语培训班，也是巧用手段才打开的局面。所以，战略和手段这两者是密切配合的，你中有我，我中有你。没有战略方向的手段，容易一叶障目；没有手段配合的战略，则不容易落地。

文章开篇提到的许先生，你还有印象吗？他在公司干了6年，却还在老位置上晃悠。其实说白了，他也是这普天之下所谓的"君子"，悲哀的"君子"。社会上一直有狼吃羊的传说，但是很多人却拼命向你传播的是狼吃草，于是很多人就沉沦其中。因为只有这样想，他们在幻想里才是安全的，这就是弱势思维的毒瘤。我们应该及早地摘除这个毒瘤，对人性和现实有一个客观的认识，如此你才能在这个社会更好地存活。

你被"好人"人设标签绑架了吗？

南先生谈了个女朋友，两人已经到了谈婚论嫁的地步，可是令他没想到的是，因为一件事，这桩婚事黄了。事情是这样的：女友带着他去家里见父母，为了赢得女友父母的欢心，南先生特地买了鲍鱼、龙虾，还有几箱礼品。父母一看这孩子懂礼数，热情地欢迎他进门。再加上南先生本就一表人才，父母也挺满意，话里话外都表达出同意的意思。

南先生高兴坏了，觉得这事儿肯定成了。可是到第二个月，女友父母又邀请南先生到家里做客，南先生觉得上次已经表达过心意了，所以这次就没准备什么礼品，买了点家常小菜就过去了。饭桌上，女友妈妈的脸色很不对劲，整个过程都黑着脸。果然离开家没多久，女友就告诉他，两个人不太合适，还是再相处相处，先不要提结婚了。

为什么一前一后，女友父母对南先生的态度如此不同？这就是本节要分享的内容。我有很多学员曾留言说："老师啊，我明明全心全意为他好，可是为什么到最后，他反而随随便便就把我给抛弃了？""我付出了那么多，他就看不到吗？"

之所以有这样的局面，很大一部分原因都是你自己造成的。我讲过一句很重要的话，叫作先苦后甜特别甜，先甜后苦特别苦。这其中就蕴含着深刻的人性道理，只不过很多人都没有把它领悟通透。你的付出，对方不珍惜，感受不到，核心原因在于他没有真正感受到你的价值。为了帮助你更清楚透彻地理解，我们来深度解析一下"价值"这个概念。

什么是价值

价值（value）一词来自拉丁语 valere。从词源学上讲，这个词的词根意义十分模糊，其意义遍及所有方面，从好的到具有体力的或勇猛的。广义上讲，价值泛指人们认为是好的、有用的、想得到的东西，某种因为其自身的缘故而值得估价的东西。想深刻理解价值，就要深入了解价值理论。价值理论是经济学的基础及核心，对各种经济现象的讨论和解释，往往最终都会绕回到价值理论上。

关于价值理论，比较具有代表性的是古典经济学的客观价值理论和门格尔的主观价值理论。客观价值理论认为，世界上所有的物品都有客观的、内在的、不以人的意志为转移的价值，而价格只是围绕这个客观的价值上下波动的一个现象。而主观价值理论则认为，所有的物品本身并没有什么内在价值，只有人对它的判断，人觉得它有价值，它就有价值。二者相互对立。

我个人倾向于认可门格尔提出的主观价值理论。简单说，就是一个东西的价值必须从其与人类的关系中来寻找答案。某种物品必须能满足人类的某种需求，这样它才会有价值。从这个意义上来讲，价值即被需要。某种商品对人越重要，其价值也就越大。即便某件物品是由火星上的特殊材料制成的，或者是耗费巨大的人力才得到的，如果它对人类毫无用处，它就不会有价值。相反，能满足人类某种需求的东西，不管它是自然生长的，还是人工制造的，或者是天上掉下来的，它都有价值。

门格尔在阐述价值理论时，还引入了两个核心概念，一个是稀缺性，一个是使用价值和交换价值的矛盾。

稀缺性，简单说就是价值会随着财货的充裕程度而递减，比如空气对人类虽然重要,但是它取之不尽,所以没有价值。但如果空气变得稀缺,只有部分人才能享用得到,那么它就会变得价值连城。所以对于某种特定的经济财货,它越是充裕,就越会被用在次要的用途上,对人类的重要性也就越低,价值就越少。

所谓的使用价值和交换价值的矛盾,指的是对人类而言,某类财货的使用价值,并不是在"有"与"无"之间的比较,而是在"多一点"和"少一点"之间的比较。水对人类的使用价值,并不在于没有水,人就无法生存,而是多一瓶水会给人增加多少幸福感。

水对人类的生存来说固然重要,但多喝一瓶水给人带来的幸福感,远不及拥有一枚钻石给人带来的幸福感强烈。了解这一点,也就解释了约翰·劳提提出的"钻石与水"价值悖论,就是钻石对生命来说是不重要的,水对生命来说是重要的,但是钻石的价值却比水要高。

门格尔发现的这种价值规律,也被后人概括为"边际效用"理论,即某种财货在当下的价值,取决于增加一单位该财货能给人带来的幸福增量;或者说,取决于减少一单位该财货,人类要牺牲掉多少幸福感。

总之,我们可以总结为接下来的两个核心。

首先,价值是主观的定义,没有固定的衡量标准。一件商品或者一个人，也许在不同人眼里价值是不一样的。明白这一点后，其实我们也就能理解为什么你感觉自己付出了很多，对方却无动于衷，因为你们两个人的价值评判标准不一样。你付出了大量的时间、金钱、精力等，本质上只是你自己觉得做的这些有价值，但对方并不会因为你的付出程度高低决定你的价值，他只会参照自己的需要。

其次，价值的评估很多时候取决于需要程度，而需要程度往往通过稀缺和对比去呈现。比如深处沙漠中时，水的价值就会骤升，这是稀缺造成的。比如你只是喝一杯白开水，可能没有什么感觉。可是你先喝很苦的黄连水后，再去喝白开水，你会发现水变甜了。这是通过对比造成的。

很多老皇帝临死的时候会把一些比较重要的大臣流放到偏远地区，然后等新皇帝登基上位之后，再将他们调回京城官复原职。这也是通过对比的方式来提升新皇帝的权威，让大臣觉得新皇帝更重用自己，从而竭尽全力地辅佐。

先"坏"后好，先"苦"后甜

我在牛排店打工的时候，店里有一个老顾客经常来光顾，但是他的脾气非常大，特别爱挑我们的毛病，全店的人内心都很讨厌他。可是有一个很奇怪的现象是，每次只要他一过来，我们的服务质量都会达到200%。比如牛排做好后，我们会安排好几个人，全部检查仔细了才会端到他面前。为什么呢？因为怕被他投诉。很多脾气好的老客户来消费的时候，虽然我们心里也都挺高兴的，但是在服务态度上确实就相对应付一些，因为很确定自己不会被投诉。

如果我们深入回顾自己的生活，其实会发现自己有时候也会如此。

心理学上有一种常见的心理现象叫预期法则，它是指人们会根据已有经验对当前的发展趋势进行假设性推断。简单来说，当你认为那个人应该对你好，但是他没有对你好，或者对你好的程度不够时，你就会感到失望，甚至产生一种怨恨心理。那么人际交往其实也是一样的道理，一开始，我们对某个人缺乏足够的了解，所以会进行一些试探行为，并结合已有经验，对这个人形成一个主观的心理预期。之后，我们就会以此去评估或者预测他接下来的行为表现，并且选择与之相对应的回应方式。

回到上面的例子，为什么对于脾气坏的老客户，我们会把服务质量做到200%？就是因为我们经过前期的相处了解，已经对其形成了一个心理预期，知道这个人很难缠，很挑剔，脾气坏。如果哪个地方出现了问题，他可能就要爆发。相反，对于那些脾气好的客户，我们同样清楚，即便哪些地方做得不太到位，他也不会太在意和计较。

所以，在生活中，我们有时候需要从一个没那么好说话的人开始做起。因为如果别人从一开始觉得你比较讲原则、比较"较真"，那么他们对你的心理期望就会降低，也就不会对你有那么高的预期。我们看到很多关系破裂的现象，都与期望落空有关。比如我们经常会听到这样的抱怨：

• 原来我以为你是个好人，没想到你是这样的人？
• 我们一直是兄弟，我有困难，你竟然都不帮我？

你看，此刻你用心经营的那些"好"，就全变成了负担。有很多人会抱怨，说自己过得特别累，大家总是向他提各种要求，为难他，其实这一切真的都是别人的错吗？未必，也许只是你一开始就给了别人过高的预期。所以我们在生活中，不仅不要对别人有很高的预期，更要懂得让别人对自己不要有过高的预期，甚至要让对方难以预知自己的行为模式。当别人对我们没有期望时，我们偶尔一点点的举动，说不定就会变成惊喜。

所以，我们要有两点觉悟。第一，要学会制造障碍。有男孩子追你，他刚表白，你就同意了；对方求你办事，你马上就办成了。这样做是体现不了你的价值的，别人自然也不会感受到你付出的重要性。第二，不要让对方预知你的行为模式。如果你做不到，那也要注意顺序，最好是先苦后甜，先"坏"后好，这样对方才不会一开始就对你形成高预期。

价值筹码是王道

社会心理学中有一个重要概念：公平世界信念。就是说人们普遍持有一种信念，相信生活的这个世界是公正的，每个人都会得到所应得的。但是，任何结果都不是偶然发生的，而是与一个人的行为或者品行有着某种因果关系。

心理学家做过一系列实验来研究人们对受害者的态度。实验人员先招募一批女性参与者，让她们观察另一名女性（受害者角色）进行学习测试。每当受害者在练习中犯下错误时，都会遭受一次痛苦的电击。但是事实上，这个电击是假的。无论是受害者，还是被电击的反应，都是实验人员设计好的。但参与者们并不知情，她们都觉得这个过程太惨烈，不忍观看。不过随着实验的进行，参与者的态度有了转变，她们对受害者的遭遇从同情变得充满敌意。

在观看完整个过程后，参与者被告知稍后将继续观看同一个受害者参加测试和被电击的场景。一部分参与者被告知，受害者接下来要遭受的电击将会变本加厉，而另一部分参与者则被告知在严酷的测试结束后，受害者将会被奖励一大笔钱作为帮助完成实验的酬劳。

鉴于在上一阶段的末尾参与者们对受害者产生的敌意情绪，实验人员自然地认为，如果她们得知受害者会得到金钱奖励，那必然会十分愤怒，心理失衡，甚至辱骂受害者。但实际上，当参与者知道受害者将会得到补偿时，她们的敌意消失了，甚至开始赞赏受害者。而那些被告知受害者会接受更多惩罚的参与者则更加充满敌意，她们认为受害者被电击是因为其表现不好，太笨或者智商太低，总是给出错误答案，等等。

这个结果表明，参与者希望相信她们自己生活在一个公正的世界里。而在一个公正的世界里，只有坏人才会得到惩罚，所以必须给受害者找到一个理由，来证明她是一个"坏人"。

看完这个实验，我们会发现，人或许没有我们所认为的那样"善良"，所以这种公平世界的信念本质上算是一种基本的主观错觉。

不过这种信念之所以存在，必然是有存在意义的。形成这样一个逻辑的好处大概就是，它为人们提供了一种对世界的可控感和安全感。这种心理上的可控感和安全感，对于人们适应复杂的社会环境具有非常重要的意义。

但不得不说的是，很多人之所以在现实生活中总是被伤害，也是因为过于迷信这种错觉。因为真实的世界充满各种不确定性，付出并不一定会有回报，所以如果对别人有过分的道德期待，到最后受伤的只能是自己。

一个人未必会因为曾经你对他好过而知恩图报，但他会因为你现在手里握着他未来想要的价值筹码而对你以礼相待。

我们村有个老大爷，他有四个儿子、三个女儿。他早早地就把家里的房子、地、存款等都分给了儿女，毫无保留。后来他不小心摔着了，把腿摔断了，需要常年卧床，生活不能自理。结果这七个孩子都不想管老父亲的事，甚至因为推脱赡养义务，差点大打出手。最后老人快不行了，医院说还有治疗的机会，但他们依然不愿意掏腰包，直接放弃治疗。老人就这样走了。

老大爷很悲惨，可这就是人性。老大爷提前将所有有价值的东西全都无条件给了孩子，等到他需要用人伺候的时候，就成为拖累了。所以对孩子也好，对配偶也好，对员工也好，对合作伙伴也好，手里握有价值筹码才是王道。如果你把手里的价值筹码都提前贡献完了，他们的行为很可能会让你失望了。

所以，如果一个人企图用情感来经营人生，那么很可能把人生经营得一塌糊涂。因为情感是主观的，容易以人的意志为转移。我们要明白，价值筹码是王道。如果你有价值筹码，就拥有关系的选择权和掌控权；如果没有价值筹码，而只有感情付出，或许会发现你的"善良"不仅让自己伤痕累累，还会成为他人的负担。感情诚可贵，价值价更高。让自己成为对他人有价值的人，这个世界才不会辜负你。

第三章
金钱，可以检验人性

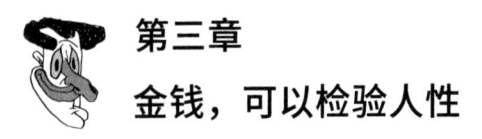

悟透赚钱的底层逻辑

赚钱，是认知变现；赚不到钱，是认知有缺陷。如果你在现实生活中仔细观察，就可以看到很多实实在在的例子。很多人每天工作很辛苦，但赚到的钱却非常少，跟付出完全不成正比，为什么呢？因为一个人赚不到认知以外的钱，这些人的认知还停留在靠体力赚钱的层次上。

而有些人的日子就过得很潇洒，每天只工作几个小时，但是赚到的钱却是普通人的几倍、几十倍。因为他们的认知水平决定了他们看到的机会更多，赚钱的门路自然也就更多。

就像同样面对一根鱼竿，认知水平低的人只能想到拿去卖钱，而认知水平高的人却可以想到用鱼竿钓鱼，然后把鱼拿去卖钱；也可以苦练钓鱼技术，然后通过教别人钓鱼来赚钱；还可以研究鱼竿的制作工艺，批量销售鱼竿……

同样的东西，为什么在不同人手中会产生不同的结果呢？生活在同一时代的人，为什么有的人轻轻松松就能赚到大把的钱，有些人努力了一辈子却还是混日子呢？归根结底，就是因为人的认知水平不同。

当然，还有一些人靠运气赚到了钱，比如中彩票的幸运儿。没错，这些人因为幸运赚到钱了，但是如果不及时提升自己的认知，他们极有可能会把这些钱花光。一些中彩票的玩家，一下子获得数额这么大的财富，但结果是什么呢？据追踪调查发现，他们之后的日子竟然比中彩票之前更惨。

由豆豆的作品《遥远的救世主》改编的电视剧《天道》，当年一经播出就收视率很高。这里面蕴藏着人生财富的密码，我读过无数遍。刘冰和叶晓明在丁元英的帮助下马上就要翻身了，可后来又被打回了原形，这就是认知水平决定的。《遥远的救世主》其实是在讲两个维度的东西，接下来我们逐一拆解。

文化属性决定层次和命运

《遥远的救世主》中有一个名词，叫作文化属性。文化属性就是你大脑中被种植和灌输的思想与价值观。每个人所处的环境不同，接触的圈子自然就不同，那么大脑中被种植的观念也就完全不同。为什么普通家庭出身的孩子都在拼命考大学呢？因为父母告诉他们，只有上学才有出路。为什么很多人在职场中面对属于自己的机会却不敢努力争取呢？因为他们从小到大被灌输的思想就是舍己为人，先人后己。

有人会认为，自己的想法都是自己生成的。其实是不对的，我们每个人都是环境的产物。自我们生下来到现在，脑袋里的想法和思想很大一部分都是身边的人给我们种植的。每个人都逃脱不了被别人影响的命运。古斯塔夫·勒庞也认为，在群体中，每一种情感和行为都极具感染性。他在《乌合之众》中还提出群体无意识的观点，即人们处于一个群体中要做出判断时，理性的因素产生着微乎其微的作用，而情感、本能、欲望等无意识因素则占据支配地位。这一切自然而然就导致了两个风险。

第一个风险是容易思想狭窄。有些人觉得人生在世，遍地都是机会，赚钱很容易；有些人却觉得赚钱比登天还难，一辈子都在做体力活，累死累活还赚不到钱。原因就是后者接收的信息来源是单一的。他们对这个世界的所有认知可能只来自父母，却从来没有到外面的大世界闯荡过。所以，父母说什么，他们就信什么，父母是做体力活赚钱的，他们也只能一辈子种庄稼。

我的一个朋友，农村出身，学历也不高，但能抓住机会在老家做起自媒体行业。邻居们都说他不务正业，没有出息，不如打工赚钱靠谱。他好心提醒道，目前自媒体是趋势，一定能赚钱。但是没有人相信他，都觉得他在异想天开，甚至连家里人都反对他。可现在人家一个月挣好几万块钱，村里人这下都只能羡慕。

第二个风险是容易被错误或者过时的思想误导。简单说，就是你的大脑中被种植的那些思想未必就是真相。即使有些曾经是对的,但是随着时代背景的变迁,这些早已变得不再适用了。

比如很多人都认为做销售能赚到钱,但真正成功的销售却寥寥无几。为什么大部分人都做不好呢?很大一部分原因是太过信奉过来人的经验,而不主动创新。结果兢兢业业去做,往往并没有实现成交。

因为过来人的很多经验是不对的,或者已经过时了,比如把真诚作为销售的唯一秘诀,但事实上客户买产品是为了解决自己的某个问题,只靠真诚往往打动不了他们。销售真正应该做的是凭借自己的专业知识,满足客户的需求,帮助客户解决问题,这才是真正有效的方法。所以我们要明白,一旦选择了盲从错误或过时的思想,就可能面临失败的风险。

尊重客观规律,才能走得更远

既然文化属性是大脑被植入的思想和价值观,不同阶层的人,他们的思想和价值观自然也是不同的,这就决定了各自命运的不同,这就是客观现实。《遥远的救世主》这部小说中就有着各种文化属性的人:

有王庙村村民这种象征着农民属性的一类人;

有刘冰这种象征着投机取巧、有术无道的一类人;

有芮小丹这种象征着英雄主义的一类人；

有林雨峰这种带着情怀创业的一类人；

还有丁元英和肖亚文这种象征着看透并遵循事物发展规律的人。

他们的文化属性也导向了各自不同的命运。尊重客观规律的人，或许能走得更远。客观规律其实很简单，丛林法则就是一个客观规律，它跟情怀、道德无关。1859年11月，达尔文发表了自己20多年的研究成果，科学巨著《物种起源》。这本书面世后，迅速推翻了神创论和物种不变的理论，将"物竞天择，适者生存"的进化论思想根植在人们心中。而人们借助对自然界事物的观察，也发现了这一理论的合理性。

在茂密的丛林中，一棵大树尽力伸展着自己的枝干，尽可能地占着有限的空间，以便自己能呼吸到最新鲜的空气，享受尽可能多的阳光照射，汲取大地的精华。于是它长得越来越茂盛，越来越粗壮，越来越伟岸。相反，生长在大树旁边的小草，它由于得不到更多阳光的照射和雨露的滋润，变得越来越瘦弱干枯。

后来，这一来源于自然界的生存法则，被更多地应用到人类社会中，成为社会丛林法则。这个法则在某种意义上来说就是一种客观规律，人类社会必须适应它，不适应它的社会都被淘汰了。人类社会的道德、法律、秩序，本质上都是为了赢得生存斗争而诞生的策略。

两家共赢或是一家独大，不过是在丛林法则中取胜的两种策略。一旦条件改变，策略就必须跟着改变，没有哪种策略能一直占据优势。常见的例子就是资源多寡的问题。生存资源富足的时候，团结有利于和其他群体争夺剩余资源；生存资源短缺的时候，必定会有人饿死，那么共赢就不可能做到，只能允许一家独大。

什么叫作道德期望呢？我们一直生活在某个群体里面，或者长期受到某种道德思想的熏陶，就自然而然地觉得，自己只要做出了符合这种道德取向的行为，就能得到符合预期的回应。比如好人就有好报，付出就有回报，和自己建立了感情关系的人就永远不会出卖自己。这些本质上都属于弱势文化属性的象征，因为你总想获得别人对你的拯救。

明白这两点，你再去看《遥远的救世主》里面的人物，就能理解各自的结局。芮小丹的命运其实是早就注定的，因为她接受的教育是英雄主义，舍己救人，所以她必然会通过舍弃自己的生命来获得内心某种英雄主义的满足。当她在临死前给丁元英打电话的时候，为什么丁元英并没有表现得很震惊呢？因为他已经知道这个结局了。当然，芮小丹这样的人物是有大爱的，是让人崇敬的。但从个体角度来看，以牺牲自己为代价来拯救别人，这对自己的生命，对家人和朋友来说都是一种伤害。

再说林雨峰，在他看来，丁元英是不道德的，是应该遭报应的，应受到社会的谴责。其实这都是他个人的道德期待，并没有尊重法律事实。事实是什么？事实是你在合法范围内消灭竞争对手，自己成为老大，这是合情合理的做法。

再来看看刘冰的死，很多人都觉得刘冰最后自杀这个结局显得很突兀，虽然丁元英戏弄了他，但也不至于自杀。但其实从心理学角度来看，芮小丹的死、林雨峰的死、刘冰的死，包括王庙村的贫穷，本质都是一种隐喻。并不是丁元英间接杀死了林雨峰和刘冰，而是他们这种文化属性的人，最终的结局是失败的。

文化属性决定了一个人的认知，以及对万事万物的底层逻辑的洞悉程度。如果看不到事物的客观规律，就容易被人性弱点和弱势文化所控制，过于追求短期利益，在做事上过分依赖别人，容易失去对事情的掌控权。即便运气好，遇到贵人，也只能是爬到井口望一眼，然后再跌进去，因为文化属性影响着一个人的宿命。

得救之道，在于看破规律

小说《遥远的救世主》中的这个救世主到底是说谁呢？在我看来，其实就是那些看透了本质规律，并按照规律去做事的人。为什么王庙村这个贫穷落后的小村庄能够在丁元英的带领下打赢乐圣公司，因为丁元英了解商业的底层规律。

商业的本质就在于，在保证质量的前提下，谁能降低成本，进而降低产品价格，谁就是最后的赢家。只是降低价格，那叫作打价格战，是不可取的。丁元英做的是降低成本，这是两个完全不同的概念。丁元英布局格律诗的商业战略，其实主要就是降低成本。

丁元英虽然成立了格律诗公司，但并未让王庙村的村民加入这个公司，反而让每一位村民都变为个体工商户。每一户村民都是格律诗音响生产链上的一个环节，他们自负盈亏，负责生产音响的每一个零件，最后再上交给格律诗公司。丁元英这样安排的目的是什么？

第一是充分发挥村里的人力资源。只有家家户户自负盈亏，才能杜绝懒人的出现，才能让每一户都不怕苦、不怕累，全家齐上阵来生产零件。第二是压低价格，规避法律风险。因为村民不是公司的员工，所以不用担心生产环境不达标、用童工、熬夜做工等情况出现，这样就变相地压低了生产成本，并规避了法律风险。这一步可谓非常高明，不同于以往的给钱和生产资料，丁元英直接给了村民一个工作的机会，还进一步合法使用了他们的劳动力，把格律诗音响的成本价格压到了最低。

但是，因为丁元英扶贫的本意并不是要永远压榨村民，所以他开始瞄上行业大佬——乐圣音响公司。为了让这个公司最后接受王庙村的生产体系，他必须摧毁乐圣的生产体系。

首先，他故意抬高格律诗音响的价格，把价格定到了万元以上；其次，他找人到欧洲做权威认证，提高自己音响的知名度；最后，他寻求与乐圣的合作，要用乐圣音响的套件。而乐圣公司认为格律诗不过是老一套的营销方案，丝毫没有戒心，反而想借着格律诗的这波营销推广自己公司的品牌。因为他们知道，在当时那个年代，定价在万元以上的音响基本上没有市场。

可当1000套乐圣旗舰套件到达格律诗公司时，乐圣公司就步入了丁元英给他们预设的陷阱中。在北京国际音响展示会上，丁元英直接把价格砍掉一半有余，将批发价由7600元降到3400元，零售价由11600元降到3900元。仅一天时间，500对音响就全部销售一空。

在这件事上，格律诗并没有赚什么钱，即便他们的成本超低，也仅有3%的利润。但是，他们成功把乐圣拉下了马。因为他们用了乐圣的套件，导致消费者对乐圣的价格也产生了怀疑。为了应对消费者的质疑，乐圣只能对格律诗提起诉讼。

结果可想而知，乐圣公司败诉，这样的话，以他们的生产成本，产品已经不能按照原价售出，否则必被消费者指责暴利。他们要么解散，要么与格律诗合作。最终格律诗不仅踩着乐圣品牌打响了自己的品牌形象，不花一分广告费获得了最好的广告效应，还逼得乐圣公司不得不与自己合作，吃下他的王庙村生产基地。

满足人性的自私，才有可能赚到钱

这个战略到现在也一直在被使用，谁把同样优质的产品卖出更低的价格，谁就是商业的赢家。包括很多商家想要抢占市场，他们是怎么做的呢？就是看市面上哪一家的同类产品做得好，他们就免费卖这个产品，目的是获取客流量。等到人被圈进来之后，商家再通过卖其他产品盈利。

我有个办辅导班的朋友，一开始他找不到学员，生意很不好，那他怎么做的呢？他观察到附近培训班的英语课程办得非常好，于是他就包装了类似的课程，并免费送给学生。他很快就把学生资源抢占过去，并通过卖其他课程赚了不少钱。

你要明白，人很多时候是自私的。商家能满足顾客的自私，让顾客占到更大的便宜，那就能获得顾客。老板能满足员工的自私，让员工得到更大的利益，那就能获得员工。所有看似不可能的事，其实本质上是合情合理的，恰恰是因为你看不到人有自私的一面，所以才觉得不可思议。

丁元英满足了顾客的自私，顾客只需要花市场价一半的价格，就能买到质量更好的音响。同时，他还满足了员工的自私，让王庙村的村民都成为给自己打工的个体户，给自己打工自然最卖命，所以他们最终干掉了行业老大。

人际交往也一样，如果只懂得一味付出，千方百计去讨好别人，拼命维护关系，只能看到事物的表面，却看不破人际交往的底层规律，那是经营不好关系的。我经常说的是："你进入社会后一定要沉下心来好好钻研一个领域，先提升自己的能力，修炼自己的不可替代性。当你有价值了，别人能从你这里获利了，你再去搞人脉。"

所以，很多时候，你不要抱怨付出多少努力，过程有多辛苦。人难免有自怜的情绪，会因为自己做了一些事就陷入自我感动中，但是这没有用。社会既公平又残酷，你如果对别人有着很高的道德期望，最终受伤的只能是自己。当你做了很多，却依然没有拿到想要的结果时，就要学会停下来，审视一下自己的认知水平，看看自己有没有遵循底层规律办事。洞悉万事万物的底层规律，从本质入手，很多时候，一件事只有想明白了，你才能做明白。

你赚的每一分钱只会在认知空间内震荡

你这辈子赚的每一分钱都只会在你的认知空间内震荡，你永远赚不到你认知世界之外的钱。

认知是什么？两只猴子为一根香蕉争得头破血流的时候，有人拿起旁边的钻石走了。猴子并非没有能力抢钻石，而是自始至终就不知道还有比香蕉更值钱的东西。这就是认知高低的区别。你当作稀世珍宝的东西，在别人的眼里可能一文不值。大多数人只看到了事物的表面，而没有悟透事物的本质。

钱很重要，爱钱没什么不对

一提到钱，很多人都有偏见，觉得金钱是万恶之源，不要谈钱，谈钱不仅伤感情，而且太庸俗。可是事实上，人生中很多苦恼和遗憾都是没钱引起的，有钱真的可以解决很多问题。所以，不要对金钱本身有偏见。当然，钱也不是万能的，有钱也办不了所有的事，比如买不到幸福，买不到健康。钱当然不是万能的，但是有钱可以让你离想要的东西更近。

比如你跟一个女孩子结婚了，你有钱就能给她提供更好的生活，就能避免诸多烦恼。这难道不是一种幸福吗？如果没钱的话，你甚至连制造一些小浪漫都做不到。再说健康，如果你有足够多的财富，你可以请私人医生，定期关注自己的身体状况。现实生活中有多少人，因为没钱，得了病都不舍得去看医生，更别提监测身体状态了。

所以，我们趁着年轻一定要多赚钱。成年人的底气在一定程度上都是钱给的。

我们村有个老太太,她有两个儿子。大儿子大学毕业后去创业,现在身家好几百万,但是不怎么孝顺。二儿子是一个本分人,老老实实地在厂里打工,人很善良,也挺有孝心。可是这个老太太就是看不起二儿子,觉得他没出息,总是想方设法地讨好大儿子。虽然大儿子的钱财或许不会用在老人身上,但因为金钱,老人的情感也在一定程度上被左右了。

从本质上来说,金钱不过是一件死物,离开了人之后,钱是毫无意义的。就像《认知突围》里所说的,金钱更多的只是一个媒介,是人用来换取商品和服务的中间态。人的目标是通过金钱换取商品和服务,从而得到自己想要的情绪体验。不过可悲的是,很多人却错把这种媒介当成目的。这就好像我们吃泡面是为了活着,但是活着并不只是为了吃泡面。

所以,当一个人被生活的烦恼和痛苦蹂躏时,就觉得是金钱有问题,是金钱奴役了他们,认为金钱是万恶之源,这是不合理的。正如吴晓波所说:金钱让人丧失的,无非是他原本就没有真正拥有的。而金钱让人拥有的,却是人类并非与生俱来的从容和沉重。金钱会让深刻的人更深刻,也会让浅薄的人更浅薄。金钱可以改变人的一生,同样,人也可以改变金钱的颜色。

不仅如此,从某种意义上来讲,挣钱甚至反而是一件很有道德的事。因为钱本身是一种媒介，是一种价值的计量单位，所以一个人在自由市场之下挣钱越多，其实也意味着他对社会的贡献越大。其中的逻辑是这样的，别人向你付钱，是因为你首先向他们提供了价值，所以你获得的金钱越多，意味着你提供的价值越大，也就是你帮助的人越多。正因为如此，我们才不要羞于谈钱，甚至要积极地挣钱。

会赚钱，也要会花钱

在穷人的世界里，赚钱是最难的，但真相是花钱才是最难的。只要是一个正常人，他不管是做体力劳动还是脑力劳动，都能赚取一定的收入。接下来这笔收入怎么花，才真正决定了未来能成为穷人还是富人。

在我看来，一个人赚到一定的钱后，需要从两个方面去考虑如何花钱。一个是为了继续经营所做的采购活动，一个是为了生活所做的消费活动。

先来说第一点，比如你开了一家饭店，赚到了一些钱，那么你想要维持或扩大经营规模，就需要拿出其中的一部分钱用来学习行业的先进经验，研究新的菜品。那么很显然，不只是开饭店如此，对于我们个人来说更是如此。我们在积累了一定的金钱之后，明智之举就是要拿出一部分钱用以投资，提升自己的价值，这样才能更大程度地获利。

金钱不过是价值的外在表现，与其执着于金钱，不如用金钱来提升自己未来赚到更多钱的能力。这一点在《小狗钱钱》一书里就有提到，简单讲就是要养肥自己的"金鹅"，也就是积累我们的原始资本，这样钱才能像滚雪球一样越积越多。

至于第二点，也就是为了生活所做的消费活动，也没那么简单。因为在进行消费活动的时候，必然会涉及一个概念：效用。什么是效用？简单的解释是情感上的满足程度，这是一个具有高度主观性的指标。同样一个消费品，它在有的人眼中可能是高效用的，而在有的人眼里则可能是低效用的。同一个人在不同的状况下对同一商品的效用评价也可能不同。因此，我们不要拿自己的标准去评价别人的消费行为。那么，到底是时间重要还是钱重要？

说实话，这个问题的争论由来已久。有人觉得当然是金钱更重要，也有人觉得能用钱搞定的事情，就别花时间。说实话，我曾经也是深深地支持后者，但是在经历了很多事后，我觉得无论哪一种观点都有些极端了。为什么这么说呢？

我们可以首先思考一下，什么人会更同意"能用钱搞定的事情，就别花时间"这句话，毫无疑问，一般都是钱多、时间少的人。对于他们来说，这句话自然是对的，因为他们的时间确实更值钱。

但是对于普通人就未必了，大部分普通人的时间并不值钱，而且他们的现状基本都是钱少、时间多。所以让他们也盲目地去用钱买时间，似乎并不合理。

看到这里，其实你就能理解为什么老板明明自己会开车，但是还要请司机。对他来说，自己的时间更值钱，不管是用来休息一下，还是用来处理其他事情，都比开车更划算。包括我们平时所说的"专业的事，交给专业的人处理"，这背后的逻辑也是一样的。如果为了省钱，就自己硬着头皮上，或者找了些便宜但不专业的人来做，短期来看当然是获利的，但从长远来说，反而会遭受更大的损失。

记得我刚开始赚钱的时候，父母经常教导我要节俭，要存钱，因为他们就是这样做的。可是后来，我主动改变了规划，开始将一部分钱用于学习和投资，这才有现在的成就。

这个时代发展太快了，金钱一直在贬值，把钱花在消费上，或者说辛辛苦苦地存钱，那只能继续辛辛苦苦地赚钱。只有用金钱去投资，去变现，去提升你的价值，才不会亏本。很多人总觉得赚钱是一种能力，其实花钱才是一种艺术。很多时候，你差的不是赚钱的能力，你只是没有把钱花对地方。

不要对初次见面的人过分大手笔

人性的一个真相是，人们都会习惯性地牢记第一次被对待的标准，并以此来衡量对方未来的付出。所以很多时候，你需要做的是，一开始不要过分大手笔，给别人过高的预期。举一些例子：

第一次见面，你请对方吃1000元的大餐；第二次只请对方吃了100元的家常菜，对方就会觉得你变了。

你第一次去女朋友家，手里拿着海参、鲍鱼等各种高档礼盒，女朋友的父母可能笑逐颜开，热情地招呼欢迎你进门，可如果第二次你只提着一袋子水果去，很可能会吃闭门羹。

你看乞丐可怜，给他100块钱，他可能会心存感激。你再见到他的时候，好心给他解释"我有女朋友了，这次只能给你50块钱"，他不仅不会感激，甚至还会质问为什么要用他的钱来养你的女朋友。

心理学上有一个第一印象效应，简单说就是我们在人际交往中要努力给人留下好印象。但很多时候如果你一开始用力过猛，给别人留下了很高的预期，接下来就只能让别人失望了。所以要善用人性，不然你会经常受伤。是人就有欲望，有欲望就有预期，有预期就有反差。因此施恩要自薄而厚，这里面是有人性逻辑的。

很多女性总是抱怨："男朋友刚开始追我的时候特别用心，

可是把我追到手以后，就越来越随意了。"但反过来考虑，很多女性刚开始约会的时候会精心打扮，让人一见倾心，男性自然会神魂颠倒。可是一旦确定恋爱关系，或者结婚过日子后，女性就经常素面朝天了。这时候男性看到女性的容貌从天仙级别，一下子跌落凡间，他自然也会感觉不一样。

当然，约会之前肯定是要打扮的，但你的魅力发挥出七八分就够了，这样在交往后对方才不会有太大的心理落差。而且结婚后，也不要总是一成不变，你要学会变，制造点新鲜感，让伴侣感觉不一样。

营造错觉，左右对方的价值判断

你有过被人骗的经历吗？你有没有深刻思考过，你到底是如何被骗的？接下来我会从人性的角度为你剖析一下所谓的"骗术"。看完之后，你可能会对人性有更为深刻的认识。在这之前，我们先看几个故事。

故事一：狐假虎威其实是一部攻心大计，但是老师不会告诉你

狐假虎威这句成语源自《战国策》的寓言故事，是春秋时代一个叫江乙的谋士告诉楚宣王的。老虎乃森林中极为凶猛的野兽

之一，有一次，老虎捉到一只狐狸，正当老虎要把狐狸吃掉的时候，狐狸哈哈大笑。

老虎问："你为什么不怕死？笑什么？有什么好笑的？"

狐狸说："我敢跟你打赌，你是不敢把我吃掉的。如果我输了，你就一口把我吃掉。如果我赢了，就可以证明是上天派我来管制你的，我才是真正天命所归的百兽之王。"

老虎说："哼！你是百兽之王？我才不相信！我要一口把你吃了！"

狐狸说："你吃了我，你会遭受天谴，死无全尸。森林里所有的动物都会联合起来对付你！如果你不相信的话，可以紧紧跟随在我的后面，你就会发现，所有的动物见到我都会吓得四处逃跑！"

森林里最威武的动物到底是老虎还是狐狸？动物们是害怕见到老虎还是狐狸？这是非常有名的典故，连小学生都听过。不过老师们通常会告诉小朋友，故事里的狐狸是影射没有真才实学的无耻小人，假借大人物的威势来欺压善良之人。其实，我们还可以从人性心理学的角度来看狐假虎威。

首先，狐狸不是要阴谋诡计，而是在生死关头爆发了强大的临危应变力。换角度思考，很多人在生活中就像狐狸，还没等老虎靠近，就已经闭上眼睛，准备好接受悲惨的命运了。这世界上有两类人,一类是强者,一类是弱者。强者在遇到问题的时候,首先做的是接受现实,然后在当下的基础上快速思考如何做才能解决问题。弱者则截然相反,他们要么选择安安静静地接受,丝毫不反抗,要么就是逃之夭夭,回避问题。

所以,在这个世界上,每个人都特别需要具备现实主义精神。我们不要抱怨为什么自己的人生这么不幸,会发生这么糟糕的事,而是要现实一点,充分地活在当下,接受当下,去思考在目前的情境下,自己可以做些什么来最大程度上规避损失,来让目前的情况变得更好。

其次,我们以前总是浅显地认为狐狸太奸诈,其实这背后的真相是它对人性的拿捏。在老虎的认知里,它是百兽之王,可以拿捏一切。但是狐狸聪明的地方就在于巧妙借势,吓跑了其他动物,还让老虎误以为狐狸真是上天派来的。一方面,狐狸借老虎的势,吓跑了其他动物,甚至未来再遇到其他动物时,它都可以昂头挺胸地说:"你们知道我的朋友是谁吗?是老虎!"另一方面,它也借了其他动物的势,其他动物都吓得逃跑了,结果老虎一看,真以为狐狸是老大,于是就不敢吃它了。

故事二:空城计背后的哲学智慧

空城计的故事,大家都听过。诸葛亮为了实现刘备的夙愿,率领大军北伐曹魏，但因错用马谡而失掉了战略要地街亭。司马懿打败马谡之后乘胜追击，然后又率领15万大军奔西城而来。而此时在西城的诸葛亮装备跟不上，技术又差，城中剩下的还都是老弱残兵，即将面临被虐杀的困境，怎么办？

诸葛亮索性就大开城门，安排几个上年纪的老百姓在大门口若无其事地扫地，自己则坐在高台上，气定神闲地弹起琴来。结果这司马懿一看，犯嘀咕了：这家伙竟然这副状态，莫不是引我入城？我才不上当，撤……结果，一场危机顷刻间烟消云散，为何？

我们常常感叹诸葛亮的高超计谋，但是对背后的人性逻辑却从来没有深入分析过。诸葛亮之所以能够凭借这些老弱残兵吓退对手，其实有两个核心。

第一，诸葛亮对情绪有超高的掌控力。普通人在面对灾难性事件时，恐惧、胆怯、绝望等负面情绪往往会一拥而上，彻底沦为情绪的奴隶，大脑停止思考，只能选择听天由命。但强者虽然内心也会有各种负面情绪，但他们并不抗拒这些情绪，反而是允许它们存在，只是不过分关注它们，把更多的注意力放在"审视己方情况""思考如何应对""有效行动是什么"上。这一点非常关键，一个人如果做不到这一点，就只能被情绪吞噬，即便具备能力，很多事也做不到。

第二，通过营造错觉，干扰司马懿的判断，让对方形成了己方需要的预期。诸葛亮选择正面开战必然毫无胜算，唯一可行的策略就是借助司马懿不知道自己真实情况的优势，故布迷局，虚张声势，让司马懿形成"此事没那么简单""可能有埋伏"的预期，不敢妄动，以死中求生。你可以试想一下，若是诸葛亮站到城楼上大喊：司马狗贼，我城里有百万大军，你快退去吧！那司马懿会真的退去还是攻进来？

当然这也带出了一个重要的资讯：人更相信自己得出的结论，而不是别人告诉自己的！诸葛亮毫无疑问就极为擅长这一点！

"空城计"启发我们要通过营造错觉，来更改对方的价值判断。想要更改一个人的价值判断，并进一步影响、说服、改变一个人，最直接的手段就是包装自己。你不需要直接说谎，而是在没有良心冲突的前提下，策略性地利用人类的错觉判断，间接地向他展示你要他相信的现象，以让对方一厢情愿地做出对你有利的假设。

这里面有两个核心步骤，首先就是避免良心冲突。很多人被传统道德熏陶已久，所以他们很难去刻意营造一些错觉，更不愿意运用一些手段。他们觉得这有违自己的良心，内心会极度不安，所以自己这一关，他们首先就过不了。

其次就是不用直接说谎，而是利用人的错觉判断，让对方自己得出你想要他得到的结果。举个例子,你如果想要让对方得出"你很有钱"的判断,并不用去直接告诉对方你很有钱。你可以开辆豪车去接他,中途以回家拿东西为由,无意中暴露你的豪宅就可以了。你什么也不用说,但是对方会主动做出你想要他得出的假设。

安全管理中有一个很著名的海恩法则,意思是每一起严重事故的背后,必然有29次轻微事故和300起未遂先兆以及1000起事故隐患。反过来讲就是,每一件事物产生时都会有其所附带的征兆。所以我们不用直接去说明什么,而是可以通过制造一些征兆,来故意迷惑对方,让对方一厢情愿地得出我们想要他做出的假设。

比如,我们看到烟,就会推断着火了;看到海平面上方出现冰山,也会合理推测更大的部分藏在海面下。所以,想要别人相信你有火,你可以先制造烟;想要别人相信你有冰山,你可以先去制造冰山一角。

欺骗是营造一种错觉

我并非鼓励大家学会骗人。危害他人的欺骗自然是不对的,也是该遭到严厉打击的,但我们也要学会接受利用策略来引导他人做出我们所期待的判断。

《孙子兵法》一开始就教大家:兵者诡道也。诡是千变万化、出其不意的意思。道的原意是途径，引申为方法与计谋。所以《孙子兵法》一开始就点明了核心，用兵打仗是一种变化无常之术，需要运用种种方法欺骗和迷惑敌人。通过不断地制造玄虚，让敌人摸不透我方的真实意图，从而打乱敌人的战略思想、兵力部署和运行节奏。在这种情况下，敌人就会由实转虚，由有备转化为无备。

美国科学家曾经做过一个实验，把3岁左右的孩子单独放在有摄像头的房间里，告诉他们，不可以偷看桌上的"惊喜玩具"。然而，研究人员发现，几乎所有的孩子都偷看了，并且，研究人员询问的时候，孩子们都说自己没有偷看。

多伦多大学的发展心理学家李康教授在研究孩子撒谎问题20年后发现：2岁的孩子中只有30%的人会说谎；3岁的时候，50%的孩子会说谎；到了4岁的时候，80%以上的孩子会说谎。也就是说，4岁以后，几乎所有孩子都学会了撒谎，甚至会使用更复杂的骗术，目的是不让别人完全知道他的内心世界。

心理学上有一个概念叫作界限感，其实也与此有关。孩子在10个月大的时候会一刻不停地到处探索这个世界，这段时间也是孩子最离不开人监护的阶段。在孩子探索的过程中，父母既要让他知道安全与危险的界限，又要帮他清晰地认知自己和别人之间的界限。有了这些早期的基础，孩子的界限感慢慢就会开始建立，而保持界限感的必要手段之一就是说谎。因为孩子开始有能力说"不",也开始自主决定什么东西可以被别人知道,什么东西不可以被人知道。

对于成年人来说更是如此。研究发现,在关系发展的不同阶段,人们需要维持着不同的心理距离。虽然亲密伴侣对彼此的暴露程度更高,但也并非可以完全地坦诚相待,毫无隐私。所以在某些层面,谎言是不可避免的,它可以帮助我们控制自我暴露的程度,维持适当的距离,从而保护自己与对方的个人边界不受破坏,留有自己私密的领地。

另一方面,在自然界中,骗也是动物在谋求生存过程中的一种基因和本能。很多弱小的动物都懂得利用保护色来欺骗天敌,逃过被捕杀的厄运。所以我们要明白,骗人的目的并非一定是邪恶的,有些骗人的行为出发点其实也很简单:第一是为了要保护自己,第二是维护双方的关系,第三是自利的行为。而很多人不接受、不承认,只不过是因为被主流价值观熏陶太久了,所以不想被别人扣上"骗子"这个称号而已。

该如何避免被骗?

马克·吐温曾说过:"我们都说过谎、骗过人,也都必须说谎骗人。"所以为了避免被骗,我们要学会识别魔鬼的骗人技巧,他们说谎的时候往往是二真一假、一假二真,或者一真二假……高手骗人绝不会笨到全部讲假话,因为全假的谎言很难令人信服,要人信服就必须做到真真假假,假假真真。也就是说,在一大堆的谎言当中,必须要夹带着几句很明显的真话,这样听的人才会信以为真。

不知道你是否了解过网络赌博骗局,里面的套路其实就是这个逻辑。我有个朋友就因为沉迷于网络赌博,半年输了100多万元,他是怎么掉进坑的呢?骗子的套路基本上分为这三步。

第一步是先让你尝到甜头,打消你的顾虑,并且勾起你的贪婪欲望和侥幸心理。一开始,他和多数赌徒一样,只是准备用几百块钱去尝试,打发无聊的时间,对输赢根本就不在乎。但是玩了几把,还真的就赢了,但他仍然半信半疑,觉得哪有这样的好事呢?直到收到提现到账的银行短信通知,他才打消了大部分顾虑,不过此刻仍然没有完全相信。

第二步是欲擒故纵。朋友赢了点钱后,也想戒赌,还看到很多人说不赌为赢,但还是心存侥幸,觉得自己不会像他们那样。但很显然,天真的他低估了庄家的套路,也高估了自己的自控能力。在赌博前期,每天赢一点钱慢慢成了习惯,他也确实能做到不贪收手。直到有一天,钱没有赢到,他反而把充进去的钱全部输掉了。于是,他又充了几百块钱,下注比以前稍微大了一些,这次居然赢了,他前面输掉的钱转眼间就赢回来了!接下来的一段时间,有时候小赢就收手,有时候就一直输。如果加大赌注的话往往能赢,而且总体算下来还能小赢点。于是不知不觉中,他就陷入了赌局的第二个套路——深信这个赌局是有输有赢的,只要舍得下本,赢回来是很容易的。

第三步是输多赢少,越走越远。经过了前两步的铺垫,庄家就开始真正"钓鱼"了。在接下来的时间里,朋友每天不仅赢不到钱了,反而还会输掉几百元。而且,接连几天甚至数十天都是这样,每天算账结果都是只输不赢。若是加大赌注之后,他又偶尔能赢点钱。于是不知不觉中,充值和下注的金额越来越大。毕竟时而赢几次钱,会逐渐放大赌徒的贪婪欲望。因此,这就是网赌的第三个套路:输多赢少,诱使你增加下注金额,慢慢地越走越远!最后的结果就是,每天要输掉很多很多钱,才能赢回一点点钱,不知不觉中,朋友差不多输掉了100多万元。

这就是骗术的顶级运用,通过真真假假,真中有假,假中有真的策略,一步步地迷惑你,骗取你的信任,最终让你掉入迷局,真是防不胜防。

当然,我的目的并不是让你去骗人,你要搞清楚两个概念,带着邪恶目的、弄虚作假的骗人才是不道德的,但是如果你的目的是良善的,有时候运用一些手段无可厚非。最后,请让我像一个七八十岁的智者一样给你一段忠告：你可以合理地骗人，也一定会有被人骗的时候。当你被骗时，请不要骂人，问一问自己：为什么要这么容易相信人？当你开始学习包装手段，学习营造错觉，改变对方的价值观时，一定要记住下面的这个权谋法则：不信永远会比误信更加安全，怀疑是一种自保能力！

第二部分

认知觉醒：提升认知，看破生活假象

第四章
没有交换意识，哪有人脉关系

怕小人，不算无能

我们小的时候都喜欢听童话故事，这是没有问题的，因为我们的内心可以培养起爱。但是成年人进入社会，首先要意识到的就是，社会不是童话世界，有些人性的真相必须早懂。如果一味地活在自己假想的世界里，这样终究会伤到自己。接下来，我会从人性角度，讲一讲很多遮掩在皮囊下的人情世故规则，看明白这些能够让你少受伤害。

不小看任何一个人，特别是小人

很多人在生活中总是受伤，其实很大一部分原因就是无形之中得罪了小人。常言道："宁可得罪君子，不可得罪小人。"那为什么会形成这样一个逻辑呢？《论语》有言：君子坦荡荡，小人长戚戚。简单说，就是得罪君子，他至多也就是疏远你，但是他们行事磊落，绝不会暗地里报复你。而小人则不同，他整日盘算的是个人得失，一旦得罪他，他就会纠缠不休，明里暗里报复你，让你防不胜防。

《史记》里记载了这样一则故事。公元前607年，郑国出兵攻打宋国。宋国派华元为主帅，统率宋军前往迎战。两军交战之前，华元为了鼓舞士气，就杀羊犒劳三军将士，但是忙乱中忘了给他的马夫羊斟分一份，结果羊斟便怀恨在心。

　　交战的时候，羊斟对华元说："畴昔之羊，子为政，今日之事，我为政。"意思是分发羊肉的事你说了算，今天驾驭战车的事，可就得由我说了算了。说完，他就故意把战车赶到郑军阵地里去。结果，堂堂宋军主帅就这样轻易地被郑军活捉了。宋军失掉了主帅，因而惨遭失败。华元的被俘就印证了一句老话：宁负十君子，不惹一小人。

　　与华元疏忽提防小人不同的是，我们来看看大唐名将郭子仪是如何应对小人的。郭子仪在朝当官的时候德高望重，为了让人不猜忌，他就天天开着大门，允许其他人自由出入。百姓们总能看到他伺候夫人、女儿们洗脸，而且他会见其他大臣的时候也都很不正式，妻子、婢女都在一旁。可是他每次见卢杞的时候却非常正式，会屏退所有侍女和家人。为什么呢？

　　因为卢杞长相丑陋，心胸狭窄，而且是个大奸臣。郭子仪知道，如果侍女在一旁有可能会嘲笑他，他必然怀恨在心，伺机报复。所以郭子仪在他面前表现得非常恭敬，这让卢杞的虚荣心得到了极大的满足。后来，卢杞从中丞升到宰相，唯独没有难为郭子仪一家。

所以，通过这两个小故事，我们就要深刻地意识到，对于小人，一定要谨而慎之，敬而远之，不要轻易得罪。因为小人做事大都是没有底线的，后果往往也是我们难以预估和承担的。当然，对于小人也不是要一直忍让，只是出手的时候，要做到不给对方报复的机会。

此外，能够成大事的人都懂得聚合众人之力。德国管理界有这样一句名言："垃圾是放错位置的资源。"清朝的顾嗣协也写过这样一首诗："骏马能历险，力田不如牛。坚车能载重，渡河不如舟。舍长以就短，智者难为谋。生材贵适用，慎勿多苛求。"

其实这些都是在告诉我们，用人要扬其长而避其短，根据人才的能力，将其任用到恰当合适的职位上，没有绝对意义上没用的人。那么对于小人来说也是一样的，他们也有着属于自己的价值，关键在于能否把他们放在合理的位置上。

武则天刚登上皇位的时候，朝野间都充满着对她的抵触，都反对女人做皇帝。武则天就重用来俊臣等酷吏，罗织各种罪名，把那些反对她的大臣全部找理由给处理了。这就是小人的作用，这些事情，皇帝亲自去做肯定是不合适的，那就需要有一些鹰爪为自己做这些事。

所以，不要小看任何一个人，哪怕是特别小的人物，因为他们都在适当的时候往往能发挥出很大的价值。只是这种价值是正向的还是负向的，则取决于你如何与他们相处。

面对敌人，要么一击致命，要么忍到你能一击致命

当你还没有足够的实力，对付敌人不能一击致命的时候，要学会隐忍，先为自己谋求安全的发展空间，再默默地壮大自己的实力。为什么呢？因为这时候你刚崭露头角，就去跟对方对着干，那别人也许直接就把你灭了。那不要报仇吗？也不是，忍气吞声是一时的，你得熬到自己实力足够了，再去给对方致命一击。我们一起来看卧薪尝胆这个故事，你就能看明白。

春秋时期，吴越两国相邻，经常打仗。有一次，吴王领兵攻打越国，被越王勾践的大将灵姑浮砍中了右脚，最后伤重而亡。吴王死后，他的儿子夫差继位。三年以后，夫差带兵前去攻打越国，以报杀父之仇。公元前494年，两国在夫椒交战，吴国大获全胜，越王勾践被迫退居会稽。吴王派兵追击，把勾践围困在会稽山上，情况非常危急。

此时，勾践听从了大夫文种的计策，准备了一些金银财宝和几个美女，派人偷偷地送给吴国太宰，并通过太宰向吴王求情，吴王最后答应了越王勾践的求和。但是吴国的伍子胥认为不能与越国讲和，否则无异于放虎归山，可是吴王不听。

越王勾践投降后，便和妻子一起前往吴国。他们夫妻俩住在

夫差父亲墓旁的石屋里，做看守坟墓和养马的事情。夫差每次出游，勾践总是拿着马鞭，恭恭敬敬地跟在后面。后来吴王夫差有病，勾践为了表明他对夫差的忠心，竟亲自去尝夫差大便的味道，以便来判断夫差病愈的日期。夫差病好的日期恰好与勾践预测的相合，夫差认为勾践对他敬爱忠诚，于是就把勾践夫妇放回越国。

越王勾践回国以后，立志要报仇雪恨。为了不忘国耻，他睡觉就卧在柴薪之上，坐的地方挂着苦胆，以提醒自己不忘艰苦。这也是"卧薪尝胆"这一成语的由来。经过十年的积淀，越国终于由弱国变成强国，最后打败了吴国，吴王羞愧自杀。

勾践为什么一开始失败了？因为他的国力不行，所以才会战败被抓。那为什么最终又能反杀吴王？因为勾践能忍，而且从吴国逃走后，继续卧薪尝胆，秣马厉兵，最终将夫差反杀。

所以我们得明白，一旦要选择伤害对手，就要彻底铲除对手报仇的能力和机会。意大利政治哲学家马基雅维利在《君主论》中其实就讲过这样的观点。在他看来，所有的行动都是有风险的，所以谨慎不是避免危险，而是计算风险，然后果断行动。要犯野心的错误，而不是懒惰的错误。培养大胆做事的能力，而不是受苦的力量。

实力不够，要懂得韬晦

很多人都有成大事的野心，但是如果你的野心没有相应的实力做匹配，那就不要强出头。你应该做的是首先将自己的野心埋藏在心底，获得一个安全发展期，然后不断地提升自己的实力，厚积薄发。从权谋角度讲，这叫作韬晦术。

关于韬晦术，它的核心点有两个：第一个是承认自己弱小，你只有承认自己弱小，才能真正明白好死不如赖活着，活着才会有机会。第二个是隐藏自己的目的，让别人看不透你，这样你才能够出其不意，攻其所不备。那么除了两个核心点之外，韬晦术还包括五大方向，分别是志向方面的掩饰、才能方面的掩饰、生理方面的掩饰、名望方面的掩饰、情感方面的掩饰。

什么叫志向方面的掩饰呢？就是说一个人志向太大了，就会让你的上级、同事感觉受到威胁，对你感觉不爽，接下来自然要打压你，甚至陷害你。有一部电视剧名为《三十而已》，其中有一段情节就讲了这方面的道理。

当时王漫妮有望成为副店长，可是却被诬陷拿客户的小票兑换积分存在自己的卡里，导致她差点就被公司开除，被全行业列入黑名单。虽然最后澄清了，是她的同事陷害的，但为什么会陷害她呢？就是因为她是一个新人，但是她的志向非常大，上来就想当副店长，可别的同事都是在这里做了五六年的老员工了。每个人都等这个位置等了不知道多久,却半路杀出来一个程咬金,别人能不怀恨在心吗?

所以,有野心是一件好事,但是在你还弱小的时候,还不足以对抗别人的时候,就先把这种野心和志向隐藏起来,省得招惹麻烦。

什么叫才能方面的掩饰呢?这里面有一个反例是杨修的故事。杨修绝顶聪明,才能过人。可他为什么被曹操杀了呢?就是因为他太聪明了,曹操要做什么,心里的想法是什么,他都一清二楚,曹操就很没面子,所以把他杀了。包括我们在职场里其实也是一样的,很多时候你有功劳了,做出成绩了,没必要对功绩大包大揽,招来同事的嫉妒、领导的不满。我们要学会藏锋,以免乐极生悲。

生理方面的掩饰非常好理解。比如说追求女孩子,你明明内心很喜欢这个女孩子,但是最好不要表现出来。一旦你千方百计地去讨好对方,那在对方眼里,你的价值将会大打折扣。所以,一开始你就要用一种淡定的态度跟对方建立信任,引起她的兴趣,并最终被你吸引。

什么叫名望方面的掩饰呢?如果说你看过《琅琊榜》,那么你对这一点的体会就会非常深刻。为什么当初身为一代贤王的祁王最后落得被赐毒酒的下场呢?因为他不懂得掩饰自己的名望。

他在朝野内外的名气太大了，导致天下百姓只知道有祁王，而不知道有皇帝。朝堂内的文武百官也都唯祁王马首是瞻，皇帝心里能不慌吗？即使是他亲爹，内心也是忍受不了的。所以逮到个导火索，这事就爆炸了。

情感方面的掩饰，其实很多时候体现在一个人的喜怒哀乐上。很多看似喜怒无常的领导，都是懂得驾驭人性的高手。因此他们善于掩饰自己的情绪，下属对自己的心理琢磨不定，摸不准自己的脾气。因为一旦别人摸准了你的脾气，了解了你的习性，那么你就容易被别人一眼看穿。

总之，人在江湖身不由己，当你实力不够的时候，一定要学会低调，不要强出头，这是最好的自保手段。同时，你也可以以此为自己谋得一个安全发展期，尽快地壮大自己的实力。

为自己的人生负责，不要过度依赖他人

很多人的一生为什么会过得很悲催呢？其实一个核心原因是他们"靠"的思想太深，他们把自己的命运交给别人掌控着，一味地依靠别人，不敢为自己的人生负责，难以发展属于自己的力量。所以，他看似活着，但其实不过是一具皮囊，没有任何生命的体验。而且，当你过分地依赖别人的时候，会产生两个弊端。

形成寄生心理，失去自我认知

生活中有这样一类人，他们会把自己的人生价值全部寄托在与别人的情感关系上。有一种心理问题叫作"消极性依赖人格失调"，讲的就是这种情况。它往往出现在因感情失意而极度沮丧的患者身上，他们无法忍受孤独，甚至经常产生轻生之念。比如这类人会痛苦地说："我不想再活下去，我没有丈夫了，活着还有什么乐趣？"

这本质上就是因过度依赖而形成的寄生心理，在他们看来，一旦没有了别人的照顾和关心，就认为自己的人生不够完整，以致无法生活。这类人往往会苦苦思索如何获得他人的爱和帮助，却没有精力去爱自己。他们孤独寂寞，永远无法体验到满足感，而且没有自我认知，关注点永远在别人身上。

在《少有人走的路》一书里，作者斯科特·派克说道，这种人具有某种"容易上瘾的人格"，他们对别人上瘾，从别人身上汲取需要的一切，而且永不餍足。要是遭到别人的拒绝，或无法获得想要的好处，他们马上就会转向酒精和毒品，将它们作为情感和精神的替代品。

那么毫无疑问，只要他们处于这种状态之中，便会对自己的人生构成限制和束缚，也会对人际关系造成破坏。三毛也曾说:"我们不肯探索自己本身的价值,我们过分看重他人在自己生命里的参与,过分在意别人的评价。于是,孤独不再美好,失去了他人,我们惶惑不安。"

所以过分依赖别人,看重别人在自己生命里的参与感,只会让我们忽视自己的成长,难以发展出属于自己的力量。这样,你本身的实力并不会得到很大的提升。当你的依靠还在身边的时候,你也许还可以做出点事来,但是一旦依靠不在了,你就成了一个无用之人。为什么很多人在大学毕业后完全是两眼一抹黑的状态,就是因为他们过于依赖父母,遇事也有父母给他们撑腰,导致他们进入社会后连基本的生存能力都没有。

失去人生的主动权,受制于人

在《心理学让你内心强大》一书里有这样一段话:你依赖他人越多,就证明自己即将失去越多。我对此非常认同,因为过分依赖他人,不仅会让自己失去主动权,还会慢慢失去自我,丧失对生命的主宰权。

这个逻辑,我们可以通过一个例子来说明。假如每个人都有一颗生命珠子,这颗珠子是玻璃材质,所以非常脆弱,只要被撞击或者摔一下可能就碎了。一旦这颗珠子受到损坏,我们就会受伤或者死亡。于是有人觉得珠子放在自己这里不安全,靠自己肯定无法很好地保护它,所以就希望把它交给一个靠得住的人,让他替自己保管和照料。这就是依赖别人的本质,你把一个与自己深切相关的、非常重要的东西交给别人来保管。这种做法会带来两个危险。

第一,对方也许愿意帮你保管宝珠,但是有期限的

很多人觉得对方曾经答应过自己,要照料自己一辈子,就一定会做到,但是事实是那只是"曾经"。"曾经"这个词很大程度上是极没有力量的,比如我曾经承诺要每天早上去跑步,我曾经承诺不要再熬夜……但很可悲,这些都成了"曾经"。

所以现实是,这个人可能承诺帮你保管这颗宝珠,一开始确实也很认真地照料,但是他根本无法无限期地做到。曾经的承诺,是没有任何力量的。拥有力量的,只有此刻的言行,此刻,他仍在履行承诺,这才有最大的力量。但如果下一刻,他拒绝履行承诺,那么"拒绝履行承诺"也是一种极大的力量。

所以,承诺是不值钱的。谁都能跟你承诺,只有行动才是实在的。但其实行动也未必一定靠谱,毕竟此刻的行动也不能代表未来的行动,现在能保持承诺不代表未来还能保持承诺。这并不意味着做出承诺的那个人人品不行,因为他其实也不知道在未来是否会改变主意,也许他只是太过于高估自己的能力,太低估世

间的复杂了。

总之，过度把别人的承诺当真，一味依赖他人，是不太靠谱的。即便你当下因为这份承诺尝到了一些甜头，感觉挺好，但是接下去会怎样，一切都很难预料。

第二，当你把宝珠交给对方时，他就有处置的权利

如果你把自己的生命珠子交给别人，让别人替你保管，本质上来讲，是增加了对方的负担的。毕竟别人在拿着你的宝珠的同时，还在拿着自己的宝珠。如果此时他有足够的能力，能够同时保管好两颗珠子，这倒也无妨。可是这不代表他将来在面对各种压力、困难和问题的时候，还有余力同时保护好两颗宝珠。假如他真的遇到了困境，必须卸掉压力，你觉得他是会先丢掉你的宝珠，还是先丢掉自己的宝珠？当然是先丢掉你的宝珠。

而且，即便对方做出这种行为，你也不能因此而指责他，埋怨他辜负你的信任。首先，你有为对方做出过什么惊天动地的牺牲吗？如果你的答案是否定的，那凭什么如此要求对方。其次，你即便为对方这样付出过、牺牲过，你也不能以此为要挟，迫使对方为你牺牲，因为这不仅不道德，而且违背了人的天性。人的天性就是自私，所以去质问对方"遇到大事，为什么不能先放弃你自己来成全我、保护我"，这本身就很幼稚。

总之，当你把你的宝珠交给别人的那一刻，两个客观事实已经形成。第一，你必然增加了对方的负担。既然如此，那对方通过把你丢掉来减轻自己的负担，这无可厚非。第二，你的一切反应都无法阻止对方行使自己的权利。简单说，就是当你亲手把生命宝珠交给对方，让对方替你保管的那一刻，就同时赋予了对方如何处置它的权利。这个时候，你可以指责对方不道义、不尽责、有问题，但你无法剥夺对方把你丢掉的权利。纵使你有一千个意见、一万个不满，他仍执意要把你抛弃，你也根本阻止不了。

所以当你选择依靠的时候，其实很大程度上已经失去了人生的主动权，这是充满风险的。也许你现在和靠山的关系维护得很好，他也乐意帮你。但是有一天，当他面临更大的利益诱惑或者阻碍时，也许第一时间做的就是抛弃你。

总之，我们应该要明白的是，想要成事，首先就要调整自己的思维，不要被这种"靠"的思想荼毒了，要更多地去发展属于自己的力量，把命运掌握在自己手里，这样人生才会有更多的可能性。另外，当自己所依赖的靠山倒了，或者靠山渐弱的时候，也没必要失落。靠山渐弱，你则渐强，当你发现曾经的一切不再牢固，曾经的底牌消失不见，其实，就应该意识到，属于你的时代已经来临。

在这里，我想简单提一下阿德勒心理学。记得我刚开始接触它时，觉得这些理论过分地夸大了自我的作用。但是随着学习，我就慢慢改变了这种想法。《幸福的勇气》一书中提到了心理咨询时常用到的三棱柱，对此我特别有感触。三棱柱的其中两面分别是"可恶的他人"和"可怜的自己"，第三面则是"以后怎么做"。

简单说，就是大多数人在遇到痛苦和不幸的时候，要么是声泪俱下地诉说自己的不幸，要么是深恶痛绝地控诉责难自己的他人或者将自己卷入其中的社会。但是在阿德勒看来，我们不可能乘坐时光机器回到过去，也不可能让时针倒转。如果你成了原因论的信徒，那就会在过去的束缚之下永远无法获得幸福。因为你人为地设置了一个天花板，你很难超越自己。所以，阿德勒更倾向于让我们关注"以后怎么做"。

在我看来，以精神创伤学说为代表的弗洛伊德式原因论是一个伟大的发现，但是这一理论又是变相的决定论。而阿德勒的伟大之处在于告诉我们，人并不受过去的原因所左右，而是可以朝着自己定下的目标前进，这就是目的论的主张。按照阿德勒的目的论，人人都可以改变，人人都可以创造新的世界，这种思想才能推动人类的进步，实现个人的价值。

总之，每个人都是本自具足的，当你不再过分依赖他人，而是开始聚焦自己，发展属于自己的力量之时，就是你真正意义上的觉醒之时。

圈子不同，不必硬融

李先生30多岁的时候，回顾了自己在一家私企的6年时光。这6年来，他算是很努力了。为了搞好和同事的关系，他拼命地合群，和大家说同样的话题，做类似的事情，强融圈子，可是依然没有什么成就……现在，他45岁了，这几年时间里，他在另一家公司从小职员做到了经理，又从经理做到了公司高管，并且私下和朋友合伙办了几个小公司，年收入几百万。这中间发生了什么事？

- 第一步，从原公司辞了职，对手头上的人脉进行了梳理，告别了酒肉朋友。
- 第二步，放弃了没有自我的合群，对自己的人生重新定位，知道自己要什么。

◎ 要让自己的人生有改变，先换圈子

为什么进行了简单的两步调整，他就让自己的人生变得不一样了。这些调整看似简单，实则是一个人的新生，这种新生包括三个方面。

第一，留给自己的时间更多了。合群的人要忙着交际，忙着迎合别人，陪伴他人，自然而然留给自己的时间就少了。一旦重

新梳理了人脉，告别不必要的交际，就意味着拥有更多的时间来学习自己感兴趣的知识，增长见识，提升自己的能力。

第二，更有利于认清自我，找到自己的方向。一个合群的人，很大程度上也是一个没有自我的人。他们看似也挺忙，但其实活得浑浑噩噩，并不知道自己到底想要的是什么。在他们看来，自己想要什么也并不重要。这必然会让一个人活得越来越累，越来越空虚。但是一个人一旦开始放弃这种盲目的合群，就能够真正冷静下来，对很多事进行独立思考。在这个阶段，他可能就会从真正意义上找到自己的人生定位。就像叔本华所说：只有当一个人独处时，他才可以完全成为自己。在独处的这段时间里，他才会更加笃定自己想要的到底是什么。

第三，精神上会更富足。表面合群的人，虽然嘴上说着互相讨喜的言语，但实际上这种行为却在不断地消耗自己。一个人只有放弃合群，敢于忍受孤独，才会真正拥有属于自己的思想。

电视剧《三十而已》里也有这样一幕，女主角顾佳想通过融入太太圈，来获得自己想要的资源。但她发现无论自己怎么费尽心思，都融入不了她们的圈子。聚会时明明一起拍的照，但刷朋友圈时才发现，站在边上的自己竟然被裁掉了。所以，成年人应该具备的一个认知：圈子不同，不必硬融。

那为什么很多人会倾向于合群呢？其实这跟我们的大脑也脱

不了干系。要知道，我们大脑的进化和客观世界的发展是存在错位的，大脑的运行机制是为了生存，而世界却在发展。这就导致了大脑在实际操纵我们思维的时候，必然会因为某种程度上的不兼容而出现漏洞，其中最具有代表性的漏洞有三个，其一是容易分心，其二是倾向于合群，其三则是懒惰。

我们可以做一个假设。假设自己切换时空，回到了原始社会。因为人类随时关注外界的危险，所以需要分心，这就导致我们很难专注；因为人类个体单兵作战的能力薄弱，很多事需要协作完成，又需要对冲外界的风险，所以需要合群，同伴可以帮助我们最大限度地规避风险；因为需要保存能量，以应对各种突发事件，使得能量边际消耗最小，所以我们习惯于懒惰。

总之，倾向于合群是人的天性，但是我们想要真正地有所成就，实现自己生命的意义，就需要直面并享受孤独，不必为了融入某种圈子，假装合群。

我们要记住，长袖善舞，不是合群的代名词，为了获得虚假安全感而硬装合群，不过是一种自我欺骗。小时候，我们总觉得一个人吃饭很可怜。长大后，你会发现，那些看起来不合群的人，只是很早就知道自己想要什么。

伪合群是妥协的开始，真正厉害的人能在黑暗中独自成长。

第五章
打破思维禁锢，在内耗中找对出路

普通人要逆袭，首先得扒三层皮

我身边很多人的人生过得平庸乏味、糟糕透顶，每当问他们为什么不寻求改变的时候，他们总是一脸委屈，说"命运如此，没有办法"。这种思维，是典型的画地为牢、固化阶层的思维。

每个人都想突破当下的阶层，这确实是一件十分困难的事情，但是并不代表不可能。历史上有很多人，比如刘邦、朱元璋、刘备，他们都是从最底层突破到最顶层的。普通人逆袭并不是神话，但首先得扒去三层皮，这样人生才会有质的飞跃。有哪三层皮呢？

第一层：扒掉俗世道德观

我有个朋友在一家国企工作，能力非常强，但是兢兢业业五六年，根本没有得到大的晋升，工资也没有太大变化，很多比他晚入职的人都爬到了高位，只有他还在原位不动。为什么呢？就是因为每次有晋升机会的时候，别人都是挤破脑袋去抢这个位置，只有他像正人君子一样，大度地谦让别人，不往前挤。结果，每次职位升迁都没有他的事。

人生中的机会是要靠自己去抓住的,它不会凭空落在我们的头上。可是很多人被这些俗世的道德观限制住了,明明有资格去抢夺这些机会,但就是碍于很多因素,不愿意去争取,希望机会会降落在自己身上。

那为什么会这样呢?这其实是一个历史遗留问题。我们从小接受的教育就是安贫乐道,君子谈义、小人谈利。也就是说,每次一说到利益,我们就觉得这是一件很难为情的事情。我们小时候最常听到孔融让梨的故事,我们在利益面前不能表现得感兴趣,更不能去争取,而是要懂得礼让别人。

传播这种思想本身是好的,但是让很多人产生了曲解。他们觉得谈利益就是肮脏的,凡事先谦让别人才是对的。这种思维过于偏颇。一个凡事都礼让别人、成就别人的人,只会失去属于自己的机会。

我们在生活中会发现,很多时候恶人更容易成功,其实这是有一定道理的。恶人的骨子里有一股野性,他们能够抢到本来不属于自己的机会。当然,我们并不鼓励做恶人。我们要做好人,但要做勇于争取机会、懂得考虑自己的好人。

人们除了更愿意做不争不抢的君子外,对金钱也有很大的误解,常常本能地认为有钱人都是坏的,没钱、没地位的穷苦底层人才是好人。真相是,钱本身没有好坏之分,很多时候,它是我们实现人生抱负的一个很好的工具。

所以,我们要敢于突破所谓的俗世道德观,不要被其捆绑住,丧失一些原始的野性。如果你本来可以是一只狼,那就避免自己被驯化成一只任人宰割的绵羊。

第二层:扒掉规则的束缚

我们很多人之所以很难从底层突围,是因为被各种规则深深地束缚着,在成长道路上举步维艰。既然规则制定出来,不就是用来遵从的吗?如果你这么想,说明你对规则本身缺乏清晰的认知。

首先,什么是规则?《伦理学原理》中说,伦理法则不过是一种概括。规则是人为制定的固定条例、章程和规矩。规则有两个特性:第一,规则是由人制定的,并不是先天地存在于人类社会之中,而是随着历史的发展逐步产生的,所以规则具有相对性,会因时因地而异,并不是绝对的铁律。第二,人们可以对规则本身进行价值评判。简单说,既然规则是人定的,就不能保证规则的公平、正义和合理,任何人都可以主观定义这个规则是好的还是坏的,是合理的还是非正义的。

在《富豪的心理》一书中,作者提到,个体都倾向于模仿多数人的行为,因为这可以满足一个人想要被社会接纳的本能,并创造一种"舒适的从众性"。但是如果每个人都把自己限制在模仿他人上，盲从既定的规则，那就不会发生任何改变。

作者甚至认为，无知也可以成为成功的因素，因为了解的东西少，反而不会被既有的一些规则、经验所束缚。所以和那些在某一特定行业和领域积累了丰富经验的人相比，很多半路出家的人更容易取得成功。

所以盲从规则，完全按照规矩办事，对你来说并不一定是有利的，甚至会成为你的束缚，让你看不到更多的可能性，错失突破阶层的机会。那到底该如何打破这种规则的束缚呢？并不是直接跟规则对着干。任何事物存在即合理，规则同样如此，如果贸然去打破规则，恐怕只会伤及自己。

《越安全越危险》一书里提到了一个对待规则的专有名称：有智慧地反抗。我觉得非常棒。什么意思呢？简单来说，就是愿意尊重规则，尝试理解规则，并试图在规则内行动，但又绝不允许规则阻止自己朝更高的目标前进。

《可怕的盲从》作者艾拉·夏勒夫通过观察导盲犬的训练工作，将这个概念引入了商业世界。我们想象这样一个场景：有一个盲人和一只让人信赖的导盲犬，这个组合想要正常生活的话，导盲犬必须极度服从主人的命令，将主人的目标视作自己的目标。

可如果主人要求导盲犬走到马路上，但导盲犬这时看到一辆车正在驶来。这时候过马路可能会导致主人和自己受伤或死亡时，它会怎么做？神奇的是，不需要抽象的思维或语言，导盲犬就能为一个更高的目标而违背主人的命令。它会无视一个不利于主人与自己的直接命令，因为如果没有这样的能力，无论对主人还是导盲犬来说，都无安全可言。

所以，打破规则并非单纯地与规则对抗，而是在整合现有条件的情况下，找到更好的方式去解决问题。这样才能精益求精，另辟蹊径。这就要求你有足够的信心和勇气，去探索新的可能性，并且敢于质疑一切不合理之处。

总之，做人不能永远板是板、眼是眼，过于循规蹈矩，要具备足够的灵活性和发展性。遵守规则固然很重要，但是不应该成为规则的奴隶，更不能让旧有的规则束缚手脚。另外，我们还要学会以长远的、发展性的眼光来看待一切。过去的规则放在今天的背景之下，有可能已经变成阻碍发展的绊脚石。这时候，如果你再坚守下去，就是迂腐，就会被淘汰。

所以在受到某种规则掣肘的时候，我们必须懂得变通之道，下决心打破规则，求得突破。而当眼前的某种趋势并不明朗，在陷入迷茫状态的时候，我们也必须看到未来的发展趋势。特别是当人们产生某种固定的看法，对某些事物形成一种偏见时，如果我们能打破人们的成见，完成新的创新，那么就有可能取得了不起的成就。

第三层：扒掉欲望的驱动

一个人要想取得成就，最大的障碍其实是自己。只有真正成为自己的主人，看清事情背后的逻辑，才能从底层突围。

人是有生理驱动和意识驱动之分的。生理驱动，简单说就是完全按照自己的欲望行事，比如饿了就吃，困了就睡，不想走出舒适区，懒惰，拖拉，趋易避难，等等。

所谓意识驱动，简单说就是个体能做出一些反人性的行为，成为自己行为的主导者，在行动决策的时候理性脑能发挥更大的作用，不会纯粹被短期的利益诱惑，而是能够从更远、更高的维度上看待事情，能克制自己，做更有价值的事。

举个例子，你现在能静下心看一本书吗？你能坚持每天锻炼半小时吗？你能在情绪激动的时候控制住自己的脾气吗？如果可以，那就说明你更多是受意识驱动的。王阳明也曾说过："能克己，方能成己。"不为外物所惑，懂得延迟满足感，你的人生就赢了一半。

但很可惜，我们大多数人往往做不到这一点，被自己身上的生理欲望深深操控着，结果日子过得越来越颓废。比如很多人上了一天班，晚上回到家最想做的事就是刷刷视频，打打游戏，或者跟朋友同事出去疯玩。他们需要通过这种娱乐的方式缓解自己的焦虑，满足自己的感官需求。那么怎样扒掉欲望的驱动呢？可以从两个方面去做。

第一是持志。简单说，就是你要静下心，发自内心地思考自己到底想做什么事，想成为怎样的人。只有心中有这样一种志向和追求，你才能摆脱身边的诸多诱惑，跨越重重阻难。所以成大事的人，无不是一开始心中就有了明确的志向。

第二是提升自己的认知。只有当你的认知提升到一定层级后，你才能够从更高、更远的维度上审视当下的一切，才能脱离低级认知的束缚，看明白事情背后的本质。

深陷欲望当中，本身就是认知狭隘的一种表现。所以，想要逆袭，就要扒掉欲望的驱动，走出舒适区，以效果和目标为导向，控制自己的懒惰，用对目标的欲望降服自身的生理欲望。

想要活得通透，就要学会深度思考

很多人混得不如别人，其实并不是因为智商和情商不如别人，更大程度上是因为思考不够有深度，所以无法看清事物的底层逻辑。这往往会导致，即便他们想要的是好的结果，但是实现结果的手段却是错误的。我们大多数人的思考模式分为三种。

无中心式的连续发散思维

发散思维,又称辐射思维、放射思维、扩散思维或求异思维,是指大脑所呈现的一种扩散状态的思维模式。但这种扩散并非漫无目的,而是围绕一个点,进而迸发出各种相关的想法。所以运用发散思维的人一般会首先明确自己的目标,然后使用一些行之有效的方法,如用思维导图来梳理自己的思路。很多心理学家认为,发散思维是创造力最主要的特点,是测定创造力的主要标准之一。

这样看来,似乎发散思维还挺有好处。但是很可惜,我们大多数普通人的思维是一种无中心式的连续发散思维。简单说,就是虽然思维同样视野广阔,呈扩散状态,可是这种发散没有中心点,是一种混乱的状态,不是围绕一个核心发散出去的,而且是连续发散。再通俗点讲,就是整个思绪是混乱的,每天都胡思乱想,思维无法聚焦到一个点上,可能刚刚想到的是这件事,但是下一秒又跳到另外一件事上了。没有主题,没有核心,呈现出过分的随机性,并且随着连续的发散,思维会逐步脱离现实。

比如你刚坐到工位上,本来是准备做PPT的,可是做了一会儿,你觉得有点儿累。你突然想起昨天朋友跟你聊的热点新闻,你很感兴趣,于是就决定看看能不能用到PPT里。可是当你详细了解新闻的时候,却看得义愤填膺,忘记自己要做 PPT 了,反而又想起了最近跟亲戚的一次吵架……突然你又想起老婆交代回去要给她买什么东西,你开始觉得老婆最近变得很唠叨,总是板着脸……总之,一上午过去了,你就这样什么也没做,脑子里好像在不停地放电影。

那么很显然,这种思维特别消耗一个人的精神能量,会让一个人远离现实主题,甚至感觉到无力。当一个人完全沉浸在这种思维中时,就很难专注于当前的任务目标。

↻ 反刍式思考

反刍一词源于我们日常生活中观察到的一种现象,即一些动物会把吞咽下去的食物返回到嘴里慢慢咀嚼,然后再缓缓咽下。这种反复咀嚼、不断消化和吸收的现象被称为反刍。反刍式思考是指个体经历考试失败、工作压力大等负性生活事件后所产生的自发性重复思考的倾向。这是大部分普通人经常会出现的情况,比如你也可以对照一下下面这些情况:

• 时常回想过去,反复琢磨,担忧未来,不能安心享受当下的生活。

• 选择困难症,在各种事情中纠结,很难做出判定。

• 总会计划做点什么,却总是拖延,拖着拖着就感觉到心累,最终放弃。

• 无法接纳别人的一点点疑问，会在心里把疑问放大无数倍，经常自我责备和否定，感到羞愧。

• 想得太多，大脑里永远有不同的声音在争吵，常常把自己压得喘不上气，想要逃避。

如果有，那你就要小心了，你可能掉入了反刍式思考中。它会让你思考很多，但不知道从何入手，好像怎么选择都有利有弊，左右为难，优柔寡断，最终不了了之。你即便有足够的能力，也抓不住机会。

我有一个朋友正准备创业，他筹划了很久，一开始想盘下一个门店做烧烤，可是就在准备着手做的时候又纠结了。他考虑到附近有很多小吃店，自己又是新手，到时候生意应该不会太好。后来他又想做男装店，但不知道从哪里找货源，也担心会压库存。就这么思来想去一年多，他还是老老实实回去上班了。其实这就是受到反刍式思考的影响。

↻ 浅层思考

浅层思考，简单说，就是对任何事物都只是依据主观印象做出表面的判断，而难以深度思考看清问题的本质。《麦肯锡结构化战略思维》一书里就提到过，大多数普通人之所以很难成事，总是做出错误的决策,就是因为很容易陷入思维舒适区——浅层思考中。

书里提出,我们的大脑有两种不同的思考方式,一种是以直觉和感性为基础的快思考,这是一种浅层思考,它依据的是我们的专业知识和过往经验。另一种是以理性为基础的慢思考,这是一种深度思考,它依据的是我们的理性逻辑分析能力。

我们在面对问题时,大脑最先启动快思考,也就是会本能地从已有的知识储备和经验中得到问题的解决方案。这种方式凭直觉处事,不需要经过痛苦的思考,所以思维处在舒适区,那么也理所当然地成为大多数普通人的思考方式。可悲的是,浅层思考让我们安于现状,限制了我们理性思考的能力,不利于解决复杂的问题。我们来看一个熟悉的故事。

妻子突然对丈夫甩脸色,丈夫凭借以往经验,判定是因为自己下班太晚,没有做家务。于是,他开始推掉应酬,一下班就回家勤奋地做家务。可是,妻子还是没有好脸色,他百思不得其解地寻找朋友帮助。朋友就问他:"你妻子是从什么时候开始变脸的?"丈夫想了想,突然反应过来。原来妻子生气是因为他忘了两人的结婚纪念日,更忘了送妻子礼物。晚上,他买了花和礼物送给妻子,并向妻子做出解释和保证。最后,妻子也原谅了丈夫,家里也不再天天"冒冷气"了。

其实，这个故事就很好地说明了浅层思考的不足之处，它很容易让人陷于问题的表面当中，难以真正聚焦解决本质问题。就好像你看到隔壁的王小二做烧烤店赚钱了，你就简单地认为是这个季节人们都喜欢吃烧烤，谁做都能赚钱，却没有往深处去思考人家盈利的核心。其实真正的原因可能是王小二的手艺很好，或者说他很会做营销。

为什么有些人想了三年都解决不了的问题，别人三天就能解决？因为他们的思维层次是不同的，后者能够往深度去思考，能够看破问题表面掩盖下的核心，而前者不能！

当然，很多人会说，深度思考更像是一种天生的能力，后天怎么去培养呢？

有本书叫《深度思考》，书里指出深度思考就是不断逼近问题本质的能力。很多时候，我们都无法做到在第一次思考某个问题时就触其本质，但可以在一次次地自我追问与反思后，越来越接近它的本质，并言简意赅地将它表达出来。

按照我的理解，深度思考是一种有轨迹的思维运动，就是你看到一件事情，脑袋里迸发出一系列想法，它们在你的大脑里不断做各种推演并修正，最后你评估目标的可实现性，得出了一件事情的操作步骤。所以，深度思考的过程是有迹可循的，我简单地把它分为五个层次去解析。

动机挖掘

心理学认为，我们所做的每一件事背后都有其正面动机存在。如果你能够把握动机，就能掌握深度思考的起点。那什么是动机呢？很简单，就是你为什么做这件事？你的目的是什么？

我有个朋友的事业做得非常大，家里挺有钱，但是他有段时间心情非常沮丧，原因是和父亲的关系搞得很僵。虽然父母也不缺钱，但他每个月都会给父母买礼物、汇钱，可父亲总是莫名其妙地找碴，埋怨他的不是。后来我就跟他讲："你不要觉得给老人钱就足够了，你可以每个月抽出两三天时间，回家陪陪父亲，跟他谈谈心，或者带他出去旅游，试试看。"他照做了，结果一段时间之后，两人之间就很少闹不愉快了，父亲也不会莫名其妙地生气了。

这位父亲闹情绪是因为孩子给他的钱不够吗？并不是，他真正的动机是想要通过闹情绪来吸引儿子的关注，让孩子多陪陪自己。婚姻关系中经常发生这样的事情：你明明已经按照老婆所说的去做了，但是她就是不开心，就是不满意，为什么呢？因为她嘴上说的都不是真正想表达的，她的内心还隐藏着更深刻的动机，只是你没有发现而已。

我老婆之前就经常和我闹矛盾，为什么呢？就是因为我没有搞清楚她的内在动机。她有时候工作不顺心,下班回来跟我吐槽、抱怨,结果我是怎么做的呢?我就给她讲道理,说人在职场,身不由己,要多忍耐、多包容。结果,她跟别人的矛盾转变成我们夫妻俩的矛盾,有时候我们还会大吵一架。

老婆跟我吐槽、抱怨,无非是想找个人倾诉一下,希望能得到我的认可和理解,最好是确认她没有做错,即使有可能真的是她的错。当然,我老婆也没有看清我的内在动机,我的动机是为了她好,想要让她在公司更好地生存下去。

很多职场打工人为什么能处理好自己的情绪呢?因为他们的目的很明确,工作就是为了学习更多的知识,为以后的路做铺垫,所以有什么脏活、累活,他们都抢着干,多积累经验。即使受气了,他们也不闹情绪。那为什么有些人的情绪很大呢?因为他们干活只是为了赚钱,活儿太多了,或者太累了,他们就抱怨。结果同样在公司干几年,那些目的明确、清楚知道自己动机的人都获得了很大的提升,得到了自己想要的东西,而那些混日子的却依然在混。

所以,想要做到深度思考,就要先去搞清楚自己或别人的内在动机,这样你才能够看清很多本质的东西,避免不必要的弯路。有一句话说得好:知道为什么而做,比知道怎么做重要一万倍。挖掘动机的原则是做任何一件事事前,先问自己三个问题:

- 我为什么做这件事？为了兴趣、利益还是成长？
- 我打算做多久？一年、十年还是一辈子？
- 我能为别人贡献什么好处？体力、脑力还是全身心投入？

思考未来的终点

未来的终点是深度思考的终点，也就是以长远的目光，从宏观的角度思考问题，知道自己未来要做什么。有句老话叫作"吃上顿的时候，你要想想下顿还有没有得吃"，其实这也体现了深度思考的一个维度，就是说你不仅要考虑当下，也要思考未来。

经常有人问：我现在在应聘两份工作，一家公司是目前工资待遇比较好的，但是上升空间有限；还有一家公司的发展潜力是很大的，但是公司刚起步，薪资方面没有第一个公司好，该怎么选？如果你不是特别急需用钱的话，我的建议肯定是选择第二个公司。

穷人和富人在思维上最本质的区别就是，穷人是站在当下角度思考短期利益回报，而富人是站在未来角度考虑长线投资。穷人每时每刻思考的都是今天做了工作，马上就要拿到钱。富人则可以接受月薪、年薪，可以接受一年，甚至是十年后的大回报。

这就好比一家新开的店做活动，礼品免费送，很多人就说"啊，这家店不亏本才怪"。但是那些拥有深度思考能力的人能够看到商家这么做，是为了引流和抓取客户数据，通过尖刀产品获得和客户接触的机会来布局，后续再通过售卖其他主打产品来盈利。

我们当下的现状，是由我们过去对未来的思考和布局决定的。这就好像下象棋一样，那些高手根本不会计较眼前几个棋子的得失，他们只知道最终的目的是"将"死对方。所以，思考未来的原则是：大脑活在未来，身体活在当下。也就是说，要学会用活在未来的大脑，指挥活在当下的身体。

思考知识结构

知识结构是深度思考的基础。我们现在正处于一个信息爆炸的时代，每天接触的信息都有几万条，但获取信息的成本低并不代表我们就更容易学到知识。因为知识跟信息是完全不同的两个概念，前者是需要经过我们的大脑加工、理解、重塑而形成的深度化认知结构，而后者只是属于片面化的传播内容。如果只是简单去看待信息，它本质上不过是一种局部事实的呈现，对我们的作用并不大。

所以想要达到深度思考，就要学会分拣信息，甚至分拣信息源。信息量越大，我们就越要有极强的分辨能力，筛选出高质量、更准确和客观的信息，并且通过思考，不断地把知识点串联成知识体，把这些"未经加工"的数据，转化为"获得加工"的知识，甚至是智慧，这样信息才会真正对我们起到指导工作或生活的作用。

具体怎么做呢？可以从两方面入手。

第一，可以通过黄金圈法则实现。黄金圈法则是西蒙·斯涅克提及的看待问题的三个层面。第一个层面是 What，就是理解事情的表面，知道要做的事情；第二个层面是 How，就是找到做这件事的渠道，知道如何做；第三个层面是 Why，就是明白自己这样做的背后原理。根据你接触的内容，运用黄金圈法则去深度理解，并将其转化为自身的知识，这样你才能够掌握其背后的意义和作用。

第二，对标。思考信息的对标原则可以是找到你的同行，以及找到思维层级在你之上的高人，深度提升自己的知识体系。在你不了解一件事，或是一知半解时，要学会走这样的路线：观察→了解→收集→过滤→总结。

进行自我批判

我在《这就是人性》中写过红灯思维，简单说，就是你想要获得提升和进步，就需要学会及时关闭红灯思维，开启绿灯思维。人们都会习惯性地自我防卫，一旦被别人质疑或者批评，我们的脑子里就会马上跳出一个念头：干！跟他对着干！这就是红灯思维。有这种思维的人是很难听取别人意见的，更不用说反思自己了。长此以往，这种人就会陷入问题之中，怨天怨地怨空气。

而懂得深度思考的人都擅长自我批判，及时反省，能够把别人当作一面镜子，来映照出自己的问题。他们会通过聆听他人的意见和想法，来扫除自己的思维盲区。一个人的思考能力是有限的，要学会用别人的想法来完善自己的观点。

自我批判的原则是：不要认为自己什么都是对的，其实"自我"才是成功最大的障碍。遇到不如你的人，要坚定自己的想法；遇到和你差不多的人，要怀疑自己的想法；遇到比你混得好的人，要否定自己的想法。普通人喜欢听好听的话，如同小孩喜欢吃糖，甜而无益。高手喜欢听难听的话，如同大人喜欢喝茶，苦而排毒。一个人成熟的标志，就是看他能不能智慧地对待不同的意见，能不能管理自己的情绪，能不能真正从自己的身上找问题，先改变自己。

思考客观规律

在思考问题时，我们要不断刨根问底，弄清楚事实到底是什么。只有找到事物的底层规律，我们才能真正抓到事物的本质与核心。规律是什么？是永恒不变的自然法则，是浮于表面的物质背后的隐秘逻辑。就好比春种夏长，秋收冬藏，日出日落，花开花谢，这是永恒不变的，也是最本质的趋势。

喜欢赌博的人为什么在输了很多钱之后，却还是继续赌，是因为中了沉没成本的毒。按照经济学上的定义，沉没成本是指以往发生的但与当前决策无关的费用，代指已经付出且不可收回的成本。对于赌徒来说，前期输掉的资金就相当于沉没成本，因为输掉了这一部分，所以他们觉得此刻停手太亏了，于是在这种不甘心的加持下，他们反而加大筹码继续赌，最后输得彻彻底底。包括那些痴男怨女也是一样的道理，交个男朋友或者女朋友，就希望对方能爱你一辈子，然后一股脑把全部感情都投入进去，结果对方并没有因此更加珍爱自己，他们自己反而深陷其中。这都是因为没有搞清楚爱情的底层规律。

不管是爱情、交际，还是赌博，背后的规律是一致的。人们只会对自己付出更多的人或事在意、珍惜，并且会选择继续付出。对于那些越容易得到的人或越容易做到的事，人们反而越不会珍惜。理解这个规律，你就会看得很明白，也能及时止损。

除了人性的规律，我们还要熟知自然的规律，也就是时代的趋势。个人的成功，往往是因为他对事情本身有更为深刻的理解，能够看到背后的规律，但也离不开时代的造就。所以，顺应时代趋势也尤为重要。不同的举措，不同的行为，在不同的背景下必然会带来不同的结果。

我们除了要琢磨很多事情的本质规律和底层逻辑外,还要做符合当下这个时代的事。这个时代不缺努力的人,不缺技术过硬的人,也不缺人脉深厚的人,但是想要成功,仅靠这些可能还不够,深度思考的能力更是一个人要具备的核心能力。

人与动物的最大差别就是,人是具有思想的,人不仅受到生物本能的驱使,还能利用大脑进行创造性地思考。让自己始终保持专注的状态,学会从全局和系统的角度去思考,透彻理解现象背后的本质,看懂事物的底层逻辑。当你拥有深度思考的能力时,你就不会轻易焦虑,也会更有底气。

要成事,从三个维度打破禁锢

我们要提升自己韬晦的智慧,也就是说在自己没有实力的时候,要学会隐藏自己的野心,但这并不是说我们要一直低调做人,而是要学会根据不同的外在背景调整自己的应对方式。这里要注意三个维度。

学会包装自己

有时候,你需要适当包装自己。兵书里面讲"虚实结合",有"实"还不行,还要有"虚"。因为人是有不同层级的,也在混不同的圈子。如果你没有那么厉害，手上没有那么多资源，你是很难向上层滑动的。刘备当初招揽人才，他就说自己是中山靖王之后，要匡扶汉室，在乱世之中谋得一席之地，所以才会有那么多人跟着他干。

这个世界是靠实力说话的，但是很多时候，别人不能够直观地感受你的实力高低，所以你就需要运用包装的手段向对方展示你的实力。对方只有相信你有实力、有资源，才会跟你合作，才会给你更多机会。

以前都说酒香不怕巷子深，是因为好东西太少了。但现在不一样了，现在是酒香也怕巷子深。你有好东西没有用，关键是你要让大家都认同你有好东西，都相信这件事。这个时候，你越低调，就越没人相信你，别人也不会重视你，你就很难有出头的机会。

学会高调

面对利益的时候，要学会高调。这里的高调指的是敢于挣脱道德枷锁，敢于大胆地追求自己的合法利益。

我在网上看到过这样一个故事：主人公老郑出生于一个普通的工人家庭，父母为人老实善良，在潜移默化的影响下，老郑从小也是一直把"吃亏是福"挂在嘴边，遇到事总是宁愿自己吃点亏，也要尽量避免冲突，息事宁人。

有一次，老板让他和同事小张一起做一个项目，两人分工时，小张直接挑选了一些露脸的工作，比如向领导汇报、和客户开会等，却把其他一些烦琐的幕后工作扔给了老郑。跟老郑关系不错的同事小刘替他鸣不平，但是老郑却笑着说："小张知道我不喜欢开会、汇报这些事，他全都揽去了，挺好的。我干这些擅长的事，辛苦点也没什么。"

到了结项汇报的时候，小张夸夸其谈，说自己做这个项目是多么辛苦，却一个字也没提老郑的付出。汇报完毕后，老板指出了文件中的一个小瑕疵。小张立刻说："老板，不好意思，这个文件是老郑做的，但我也有责任，因为要统筹整个项目，事情太多了，没顾上好好帮他检查。"

老板不知道实情，便说："这个项目工作量不小，有小疏忽也难免，小张能做成这样，肯定花了不少精力。倒是老郑，你自己也要多用点心，别总指望着小张给你检查把关。"老郑听了，只能无奈地点点头。

结果，当月的绩效考核下来，小张顺利评上了优秀员工，拿了奖金，还升了职。老郑不仅一无所获，还被扣了绩效工资。

老郑就是被传统的思维禁锢了。只要是合理合法的利益，我们为什么不能去勇敢争取呢？你不争取就注定要错过机会。人做事是要有边界的，特别是面对合法利益的时候，在对别人善良前，要先对自己善良。

如果不具备基本的"争取"素质，那么自己的实际利益不仅会遭受损失，还会在应对外部环境的各种人与事时丧失活力，最终在一次次的负面反馈中变得郁郁不得志。

学会反击

面对那些喜欢欺负自己的人，一定要学会反击。人跟人相处都有一个试探的过程，也就是对方要试探一下你的底线是什么。如果有人一开始就欺负你、打压你，你不选择反击的话，那么他就会得寸进尺，因为他已经把你定义成软弱可欺的人。所以在这种情况下，你不能一味地低调隐忍，要教别人学会怎么跟你相处。

现实并不会因为你是一个好人，就让你得到好的回报，也不会因为你很好说话，而为大家所感激。相反，如果你总是与人为善，太好说话，大家都只会抛给你更多棘手的事情去做。所以，我们要做个好人，但不要做个老好人。我们可以一次两次地低头、服软或者示弱，但必要时也要学会以牙还牙。当你开始拒绝别人，别人感觉到你的强硬时，你会发现对方反而开始尊重你了。

通过这三个维度的内容，我们要学会灵活处世，可内敛、可低调，也可不怒自威。既有过人的手段，也有君子的风度。

第六章
成年人的顶级自律，是克制纠正他人的欲望

死不认错是人类共有的本性

在本章开始前，先思考一下你有没有多次遇到过这种情况：明明一个人犯了错，你好心指出他的错误，避免他误入歧途，他却面红耳赤地跟你争吵，死不认错，甚至怪你多管闲事？

我想大多数人都遇到过这种经历。其实，人都有一个很有意思的特性，那就是不会轻易承认自己的过错。为什么会出现这种情况呢？这是本节要重点深究的主题。开始之前，我们一起看一下田丰之死。

《三国演义》大家都看过，里面有一场非常著名的战役——官渡之战。在这一战中，曹操以少胜多，凭借一万兵马击败了袁绍十几万大军，从此拉开了历史新序幕。这个败局不仅让袁绍后悔不已，也让后代很多历史学家直叹惋惜，为何？因为袁绍原本是可以不输的。

要知道，袁绍虽然无能，但是他的手下还是有不少人才的。当时袁绍要攻打曹操，田丰就劝他："曹操用兵变化多端，不能小看，不如跟他打持久战。"袁绍不听劝，但田丰还是力谏。袁绍火了，说他是故意泄士兵的气，于是先把田丰关了起来再出兵。袁绍果然大败。

听说袁绍败了，有人向田丰报喜："果然一切如你所料，袁绍回来一定会重用你的。"然而，田丰很沉痛地叹口气："唉！要是他打赢了，我兴许还能活。现在战败，我非死不可！"果然，袁绍回来之后，对左右的人说："我没听田丰的话，现在他一定在心里暗笑我。"说完就命人把田丰拉出去杀了。

可能有人会不理解，明明田丰说的是对的，为什么偏偏落得这么一个下场。袁绍作为集团领导人，四世三公，平时自视甚高。所以对他来说，最重要的并不是一次战争有没有胜利，而是自己的面子和权威有没有被挑战。他可以接受战争的失败，但是接受不了自己的无能。所以他的眼里自然容不下田丰，因为每次看到田丰，他都会想起自己曾经的愚蠢。

田丰之死虽然可惜，但其实很有教育意义。他死前说的这番话就向我们透露了一个人性的秘密：普通人一般是不会认错的。让一个人认错真的太难了，难于上青天，没有人愿意承认自己是傻的、错的。所以为了证明自己没有错，他甚至宁愿沿着错误的道路走下去，一辈子自欺欺人，这就是人性。

心理学上有一个罗密欧与朱丽叶效应，其实背后阐述的也是这个原理。在莎士比亚的经典名剧《罗密欧与朱丽叶》中,罗密欧与朱丽叶相爱,但由于双方家族有世仇,他们的爱情遭到了极力反对。但压迫并没有使他们分手,反而使他们爱得更深,直到双双殉情。

罗密欧与朱丽叶效应指的就是,当出现干扰爱情关系的外在力量时,恋爱双方不会觉得自己错了,更不会反思这段感情是否不合适,他们之间的情感反而会加强,恋爱关系也因此更加牢固。心理学家在对爱情进行科学研究时也发现,在一定范围内,父母或其他长辈干涉孩子的感情,最终反而使青年人之间的亲密度越来越深。

从本质上来讲,人们都有一种自主的需要,都希望自己能够独立决定自己的一切事情,也希望自己是正确的,而不愿被别人指责,成为被人控制的傀儡。一旦别人越俎代庖,替自己做出选择,并将这种选择强加于自己,人们就会感到自主权受到了威胁,从而产生一种心理抗拒:排斥自己被迫选择的事物,同时更加喜欢自己被迫失去的事物。

所以读到这里,我们应该学着树立这三方面的认知。

正是因为认错非常难,所以你很难真正说服一个人

有弟子问王阳明:"老师,我犯过许多错误,可你为什么不

提醒我呢？"

王阳明："我没提醒你，你怎么知道自己所犯的错误？"

弟子继续回答："我学习后才知道。"

王阳明："所以我教导你学习。"

弟子就很困惑："我的意思是说，作为老师，你应该帮助我改正错误。"

王阳明这时候笑着说："你自己的错误，别人怎么可以改正呢？只有你自己能改正自己的错误。"

王阳明与弟子的这段话告诉我们一个道理：人是很难被别人说服的，也不是说别人指导你两下，劝你两句，你就可以立刻改正错误的。想要改正错误，只有靠你自己想明白。用更通俗的语言来说就是，有些南墙，必须这个人亲自去撞了，他才会回头。

再给大家分享一个策略，叫作天堂地狱推拉法。什么意思呢？如果你要动摇一个人的信念，最好不要一直劝阻他，而是先把他推向天堂，让他觉得自己的计划天衣无缝。当他越来越往高处走的时候，其实就会感觉到不对劲。他反而会主动思考自己的想法有哪些不合理的地方，这样才有可能清醒过来。但如果你一直跟他对着干，说他哪里不对，那么出于本性，他只会找更多的理由跟你对着干，以此来坚定自己的立场，后果就是他原本错误的信念更加坚定了。

所以，不要再出于为了一个人好，拼命地劝说和阻拦这个人，你多半是不会成功的。为什么呢？因为没有人愿意承认自己是错误的，你越劝他，他越要对抗你。能成功说服一个人的永远是他自己，一个人的错误永远只能由他自己去改正。

既然人都不愿承认自己的错，那就从符合人性的角度去办事

唐太宗李世民有一个谏臣叫魏征，很多人都知道魏征是个大忠臣，他什么话都敢说。对于这类人，我一直是不太赞同的。为什么呢？因为他一直在"反人性"。为什么他屡次直言不讳，触犯天威，还能活得那么好呢？

在我看来，就是因为他生的那个时代好，因为当时的皇帝是李世民。李世民是一个伟大的君主，他能够听得进去这些话。假如他遇到的不是这样的明君，只要随便换一个皇帝，照他这个玩法，可能游戏早就结束了。所以，我们可以学习魏征的忠诚，但不要学习他说话办事的方式。

在《韩非子·说难篇》里也有这样一段话："夫龙之为虫也，柔可狎而骑也；然其喉下有逆鳞径尺，若人有婴之者，则必杀人。人主亦有逆鳞，说者能无婴人之逆鳞，则几矣。"也就是说，君王都是十分厌恶大臣直言进谏的，假如触犯了他们，他们就会恼怒。所以在跟君王讲话时，要顺着他们去说，不要违背他们的意

愿，否则自己也会因此而处于水深火热之中。

所以，我们想要达到预期的结果，就不要靠着自己的主观幻想做事，而是要顺应人性。就好比你在企业上班，大家正在开会，领导说错话了，你要当着众多人的面直言不讳吗？那很可能会让领导下不来台。

那具体应该怎么办呢？可以试试心理咨询中经常使用的一种技术：先跟后带。所谓"先跟"，就是建立亲和感，先肯定和配合对方的信念、价值观、规条，并运用当事人的感知模式进行引导的一种方法。"跟"其实就是寻找和交流对象共同点的过程。

"共同点"不仅仅局限于谈话的内容，也包括对对方的思想、情感和行为的认可和理解。而"后带"的时候，则要让对方认可你的观点，提出一个对方最可能回答"是"的问题，慢慢地，让其形成回答"是"的言语习惯。最后提出你的希望和要求，对方就被"带"到你所希望的地方。

学会接受自己的错误，反思与成长

能坦然接受自己的错误，并从错误中反思和成长的人是了不起的。人非圣贤，孰能无过。谁能不犯错误呢？但可贵的是我们能够实实在在承认自己错了，然后从错误中汲取养分，成长壮大。说到这里，就不得不提一下刘邦。

当初韩信谋反的时候，刘邦就率大军去讨伐他。刘邦一直打胜仗，一路打到山西太原附近。这时候，韩信狗急跳墙，勾结了北方的匈奴。刘邦一听大怒，但是为了摸清虚实，就派了一些使者去查看。结果匈奴首领就将计就计，把精兵和肥马藏起来，军营内外安排的都是老兵和瘦马。

使者一看这个情况，回来就报告说"匈奴可伐"。刘邦听到这个消息非常高兴，不过为了稳妥起见，他还是派娄敬再去一趟。结果娄敬回来之后却浇了一盆冷水，他说："两国相持，匈奴应该展示实力才对。但是匈奴的军营里连一个壮丁都看不到，此必有诈。所以依老臣看来，匈奴不可伐。"

刘邦一听，忍不住破口大骂："你这个老匹夫，就会逞口舌之利！匈奴给了你什么好处？妄想用一张嘴就堵住朕的二十万大军。"于是，娄敬被关进大牢，刘邦率全军出征。结果，刘邦中了匈奴的埋伏，被困在白登山七天七夜。要不是陈平使出一套变相的美人计，刘邦恐怕早就饿死在白登山上了。

不过刘邦回来之后，他是怎么做的呢？他没有像袁绍一样杀了田丰，而是去牢里认错检讨，还把娄敬封为建信侯。

所以，刘邦能够从一个平民百姓成为皇帝，并不全是靠运气，而是有真本事、大智慧的。单单这种低头认错的气节，就不是普通人能比的。

大方地承认错误，本质上有三个好处。

第一，可以满足对方强烈的自尊心，让对方更加信任自己。就拿上面的例子来讲，娄敬虽然一开始被关进了大牢，但是后面刘邦愿意承认错误，放了他，并且封他为建信侯。娄敬心里会怎么想呢？首先是感恩，其次是敬佩，再次就是信任。不仅如此，刘邦也为所有人都做出了表率，让大家更愿意支持他、相信他。

第二，更有利于现实问题的解决。自己明明犯了错，却推卸责任，视而不见，最终的结果只能是让事情一直糟糕下去。只有承认错误，接受现实，才能在这个基础上真正做一些有效的动作，最终解决问题。

第三，能够看到更多的可能性，避免遭受更大损失。一个人只有敢于承认自己的错误，才不会固执地活在自己的偏见里，对别人的观点和建议都视而不见，也才能从更全面、更长远的层面上看问题，并挽救困局。

所以，我们要牢牢记住，普通人在面对跟自己意见相反的信息时，大脑会关闭理性脑，启动情绪脑来对抗。但是真正有大智慧的人都懂，每一次反对意见，其实都是一次拯救自己、完善自己的契机。

境界高的人不会随便给人提建议

穷秀才总喜欢卖弄自己的酸腐文化,练功夫的总喜欢显摆自己的刀枪棍棒。不管是在生活中还是职场里,总是有些人好为人师。对于别人的行为,他们习惯于指指点点,发表各种意见。我们生活中的很多烦恼都是怎么来的呢?很多时候都是因为管不住自己的嘴,喜欢教别人做事。为什么不要随便给人提建议呢?接下来我们从三个维度来分析。

每个人应该为自己的人生负责

你有没有过这种体验?朋友遇到问题找你征求建议,你也竭尽所能地给出了详细的解决方案。对方按照你的方案执行,结果失败了。这时候,他反过来指责你,说你瞎提建议。碍于面子,你没有反驳。从你的角度来说,你很委屈,因为你是出于好意才帮忙的。但对于那位朋友来说,他大概率也不会再和你保持以前那样亲近的关系了。

相信很多人都有过这种经历,在我看来,这种委屈都是你自找的。你的委屈是怎么产生的呢?你认为自己是在关心对方,给他提建议,出发点是对他好,你有着高尚的道德情操,所以你觉得能提出这些免费的建议就已经是恩惠了。

不仅如此，你还认为最终要不要采纳你的建议，决定权在他手里，你对这个建议所产生的后果应该一律免责，不承担任何风险。这无疑是很不合理的，因为你只想得到提出建议所带来的"恩惠"，却又不想承担对方接受你的建议所带来的后果。这样看来，对方应该更委屈才对。

我可以再给你举一个形象的例子：你已经到了结婚的年龄，但迟迟都没有结婚的打算。这时候七大姑八大姨都忍不住给你讲道理，甚至还会热心地给你介绍对象。他们这样做的出发点是什么呢？其实也是一样的，那就是"我催促你，给你提建议就完事了，我就尽到亲戚的责任了，甚至还站在了道德的制高点上。既然我为你着想了，你就要记得我的恩情。但结婚后你过得是否幸福，这与我无关，我不会承担一点责任"。

所以，面对亲友的逼婚，最行之有效的办法就是增加干预成本。你可以这样说："那好呀，想撮合我俩是吧？可以，但你能为我俩婚后的生活幸福做担保吗？如果我俩不幸福，你会对此负责吗？"你这样说完之后，亲友大概率就不会再随意干涉你的事情了。

所以我们应该明白，我们压根就没有资格告诉别人应该怎么做。每个人都需要为自己的选择负责，也一定会在不同的结局中收获不一样的体验和提升。这是我们每个人都需要去面对的人生功课。

从这个角度来看，随便提建议，就相当于在干扰别人的成长，剥夺别人成长的机会。可是如果遇到一定要提建议的情况，又该怎么办呢？那你就要为自己的建议负责，还是说一下《遥远的救世主》这部小说里的一个故事情节。

韩楚风被点名接替总裁之位，但是当时公司还有两个资历更深的副总裁。这时候他很纠结，不知道接下来该怎么办？于是他找丁元英请教。丁元英一直拒绝给他提供任何建议，可是韩楚风天天缠着他，最后他没办法了，只能妥协。

可是在给韩楚风提供建议之前，他还做了一个动作，那就是先和韩楚风打赌，赌注就是韩楚风的宝马座驾。假如韩楚风听了他的建议之后，顺利接替了总裁之位，那这辆宝马就归他了。但是如果没有达到韩楚风的目的，丁元英愿意以一赔五，给他300万元。

很多人看到这里表示很不理解，明明是韩楚风主动过来找丁元英出主意，为什么丁元英还要打这样的赌呢？还要一赔五，这不是傻吗？其实这就是普通人和高人的区别，丁元英不会随便给任何人建议，如果实在要给，那么他愿意对任何可能发生的结果负责。

所以我们就能理解，如果你好心提了建议，最终事情失败了，别人因此而责怪你，你就不该觉得委屈。因为你在提建议的时候，就应该想到要为这个建议所带来的结果负责。假如你做不到，那么不妨把嘴闭起来。

⟳ 别人寻求建议，不过是为自己已经做出的选择增加底气而已

其实，很少有人能被真正劝服，因为人们都不愿意接受自己是错的。那为什么还有人找你寻求建议呢？很多时候，他并不是真的来听取你的意见，而是来让你支持自己的选择，为自己的心里增加底气而已。也就是说，他在征询你的建议之前，其实心里早就有了自己的选择，但他又没有足够的信心，所以希望能从你那里得到和他一致的建议，以此来支持自己的选择。

心理学上有一个自我肯定理论，简单说，就是证明自己的想法和行为，其实是一种自我肯定，它保护并维持了我们的自我价值。所以，别人看似征求建议，其实更多的是在选择性地寻求和自己一样的选择。这个世界上没有所谓的感同身受，这也就意味着我们背后的价值观、做事的风格，以及做事的态度，是很难表达和传递给别人的。

当别人问你该怎么办时，他的内心深处其实已经有了一些答案，只不过还是想确认一下你的想法是否和他一致。在听到让自己不爽的答案时，他会说"你不了解我"；听到跟自己心里想的

一样的答案，他会说句"谢谢"，这本质上也是人性的一个悖论。

所以，你可能在生活中听到有人抱怨："你既然不信我，为什么还要问我？"其实一切的核心根本不是信不信的问题，只是你给到对方的建议不是他想要的，和他内心已经选择的那个不一样罢了。这也导致了一个结果，即便你的建议最后帮助他取得了不错的结果，他也不会觉得这是你的功劳，而是会归功于自己的决断，和你没有任何关系。但万一他失败了，你可能就要为此背锅。因为人都是以自我为中心的，自己永远都是人生故事的主角，你的建议只是恰好被他选中了而已。

《杀死一只知更鸟》里面有这样一句话：你永远不可能真的了解一个人，除非你穿上他的鞋子走来走去，站在他的角度考虑问题。所以千万不要高估自己的建议，不要站在自己的角度试图去解决别人的问题。不轻易提出建议，有时候也是一个成年人最基本的自律。

不要妄图通过提建议去拯救他人

如果你给别人提建议的时候，内心产生的念头是为了拯救别人，那我希望你能马上停止。你需要搞明白的一点是，每个人都逃不过要把自己所相信的东西在生活中逐一去验证的人生轨迹，并且还必须要承担一切后果，这就是每个人提升和成长的必经之路。谁都得这么一路走过来,这与任何人的建议都没有关系。

过分地把自己放在拯救者的位置,甚至妄图为别人的人生课题负责,这有点类似于弗洛姆提到的一个概念——道德疑病症。这种人对自己有着强烈的兴趣,过于关注自己的表现,而非客观事实,甚至因此产生了一些隐秘的恶性自恋。

这种自恋里面隐藏着一些绝对的幻想,当我们妄图提供建议拯救别人时,主要是受到了三种自恋幻想的作用。一是关于控制感的幻想,就是"我对整件事的发展是更有掌控力的"。二是关于优越感的幻想,就是"我有义务在这件事中承担全部责任,包括对方的那部分"。这种想法其实暗示的是自己比对方更有能力、更强大。三是关于重要性和影响力的幻想,就是"我对他人的人生或者命运造成了影响,我要负责"。其实这是不合理的,只是你的一种隐性自恋而已。

你不知道对方内心真实的想法和潜意识的真正需求,更不知道对方的业力因果及自动化反应机制,因此你根本就无法完全理解对方的感受,也无法真正体会对方所面临的真实处境。所以对你来说,已知条件已然严重不足,你是没有资格随便提建议的。这时候你给出的任何建议,其实都是不负责任的,都是妄言。就像一个医生,连病人的真正病因都还没搞清楚,就胡乱开药。

那是不是探究清楚就可以提建议了?其实也不是。因为探究真相是一件极为内耗的事情,我们了解自己就已经很不容易了,更何况要去了解别人。所以比随便提建议更好的方法,其实是陪伴式共情,表达你的支持。共情指能设身处地体验他人的处境,对他人的情绪、情感具备感受力和理解力。在与他人交流时,能进入对方的精神境界,能感受对方的内心世界,能将心比心地体验对方的感受,并对对方的感情做出恰当的反应。

有个故事,一个女孩跟朋友吐槽自己的公司,说工资总是晚发,一个人当两个人用,动不动还加班。朋友听完心疼地说:"那也太惨了,要不咱换个轻松点的工作吧。"结果女孩却有点愕然,说:"我没想过换工作啊。"

其实这就是一个典型的生活案例,女孩抱怨时,朋友站在自己的立场,觉得女孩太辛苦了,因而提出换份工作的建议。但实际上,女孩抱怨只是为了倾吐情绪,并没有想过要换工作,因而对于朋友的主观建议表示愕然。其实真正好的方法是,安静地听着,陪伴着,或者告诉女孩:"如果我遭遇了这些情况,应该也会跟你一样。但我一直相信你会处理好的。"这就够了。总之,真正睿智的成年人都懂得,不随便提建议是一种智慧。

在生活中我们会发现,很多人费尽千辛万苦找一些智者解答当前的人生困惑,智者一般都不会直接回答,而是会很隐晦地指点人们去探索答案。我以前觉得有话却不能直说,是故作高深,但是后来慢慢明白了，这才是高明的做法。

我们一定要充分理解清楚，和别人相处要把对方当作一个完整的人，他有自己的想法，最终也会在生活中发展出属于他自己的招式。而这一切，都需要他自己去摸索。不要打着为别人好的旗号贸然提建议，因为这所谓的高尚外表下，其实并没有把对方看作一个完整的人，而是在潜意识里默认自己有更好的想法。对别人好，从来都不是一件简单的事，因为我们可能并不知道什么才是真的好，更不清楚什么才是对方所需要的好。

老子在《道德经》里也告诉我们，"圣人处无为之事，行不言之教"。请放弃为别人好的这个念头，因为你没有这个权利，也没有这个资格。当你再想告诉别人应该怎么做的时候，最好还是忍住，不如多去引导对方自己去探索答案。

过来人的话，其实是让人为难的经验

很多人不知道的是，豆豆除了《遥远的救世主》这部作品外，还有另一部小说作品，叫《天幕红尘》，更是非常经典。在《天幕红尘》里有四个字贯穿始终，也是我接下来的内容想要给你分享的核心，这四个字是"见路不走"。什么意思呢？就是见路非路、即见因果的意思。跟见相非相、即见如来，是一个道理。

重新认识"经验"和"建议"

我读小学的时候,梦想是当一名作家,结果当我说出梦想后,家人一致否决了:作家是那么好做的?当作家,可能你连自己都养不活!这让我很长一段时间都找不到方向,浪费青春,做了很多不喜欢的工作,也没赚到多少钱。

好在从2016年开始,我跳出了家人的"经验束缚",一边工作,一边开始了创作分享,把自己的一些人生感悟、学习心得等分享出来。2022年,我成功出版了人生第一本书《这就是人性》。虽然我依然没什么名气,但是在这个知识付费的时代,我养活自己已然绰绰有余,还能帮助到不少人。

家人们看到我一步步的成绩,也慢慢地改变了原来的态度。只是我时常在想,如果当初我跳不出这种"经验的束缚",如今又会在何方?既然经验对大多人来说是有着褒义性质的,为什么又会成为束缚?后来读了很多书,见了很多人,反思了很多事之后,我慢慢醒悟了。

首先经验是怎么形成的?经验其实就是大脑思维捷径的产物。我们习惯用过去的经历和集体文化思维模式来解决现在的问题,这是因为通过过去的经历、现象归纳形成的经验,可以大量节省能量。这是人类进化过程中为了适应生存所遗留下来的思维捷径模式，也符合人类的原罪：懒惰。

但很显然，这种模式也有其弊端，就是这种不加思考的自动化行为会形成思维的依赖惯性，让我们一遇到类似情况，就马上调用已有的经验来解决问题。时间长了，人就会变得越来越迷糊，失去思考和探索本质的能力。

这和心理学里的一个概念"代表性直觉"其实是一个意思。当人们面临一个复杂的判断或决策问题时，经常会依据自己的直觉或者事物的表面特征来进行决策，心理学将其称为"代表性直觉"。这种拍脑袋式的决策方式虽然效率高，但正确率往往不高，经过逻辑推理出来的结论比大脑的自动反应更靠谱。

举个例子，很多家长教育小孩就是劈头盖脸地责骂一顿，因为他们每次这样做的时候，都能快速解决问题，孩子立刻会停止哭闹，老实听话。言语暴力次数多了之后，他们又升级用棍棒伺候来解决孩子的问题，甚至还形成了"棍棒之下出孝子"的教育方式。表面上看，孩子被这种方式教育得乖巧懂事，但也为今后的心理健康埋下了隐患巨坑，孩子甚至需要用一生来治愈童年的创伤。

你的大脑犯错吗？

再比如，在生活中，你应该经常听到这样的说辞：

- 读书才有出路，不好好学习，你一辈子没出息……
- 别瞎折腾了，比你聪明的人多了，人家为什么不去创业？还是考公务员稳定……
- 别尝试了，你忘记了上次的下场了吗？还不长记性……

其实，这些话很多时候都是有毒的，会阻碍你人生的前行方向。你要知道，大脑其实是一个非常不靠谱的决策器官，它最喜欢做简单的、有经验的事情，不自觉地逃避未知的、不熟悉的事情。

这点其实也可以理解，因为亿万年来，我们的祖先一直在危险、匮乏的自然环境中过着"狩猎与采集"的生活。对他们来说，最重要的事情莫过于生存。为了生存，他们必须借助本能和情绪的力量对危险做出快速反应，对食物进行即时享受，对舒适产生强烈欲望，这样才不至于被吃掉、被饿死。

神经科学家迪安·博内特在《是我把你蠢哭了吗》中，也曾以单口喜剧演员的幽默口吻向我们阐述了这一事实，并讲了大脑如何经常犯错的糗事："尽管我们演化出了复杂的认知功能，但原始大脑的初级功能并未丢失，甚至可以说，反而还变得更加重要了。在大脑看来，日常生活无异于走钢丝，底下遍地是碎玻璃，还有满坑满谷的疯狂蜜獾，稍有差池就会摔得惨不忍睹、痛不欲生。"

这导致的结果就是，大脑总会擅自做主，忽略其他器官和神经的信号，无论信号本身可能有多么重要（这也是为什么士兵在交战地带仍然能睡一会儿的原因）。所以，遇到不理解的事情，大脑首先会倾向于判断为不可能；遇到有困难的事情，它也会首先判断为做不到。但事实上，很多你认为困难的事情，或者害怕的事情，只要去尝试一下，就会发现不过如此。过去的经验，他人的建议，很多时候只是禁锢。

回想一下，你应该也有过这样的体验吧：

每当我们要做些什么不同寻常的事情时，总会有人说"这样不行的""太冒险了"。他们给出各种建议，拿出各种过往的失败案例，以此来阻止你。

每当我们努力做一件事，结果失败的时候，就会习惯性地画地为牢，自缚手脚。比如你努力追一个女孩，追了很久，却失败了，结果你就得出了结论：我这辈子就不适合追女孩，就适合单身。于是，再遇到心动的女孩时，你会自我设限，不敢再踏出这一步。

其实这都说明了，经验也是有两面性的，有些是我们要铭记于心的，比如火是很烫的，地球是圆的，冬天要穿厚一点……有些则是我们要挑战的，比如想要出人头地，不一定非要靠关系；一次创业失败了，不代表就不适合创业……

那么到底应该怎样对待这些经验和建议呢？这其实就回到了

我们开篇提到的"见路不走"。就是实事求是，不以经验主义为导向，而是能够根据实际的情况和自身的条件选择适合的道路。具体怎么做呢？我们可以从六个步骤有意识地培养自己的批判性思维。

第一步，问基础的问题。有时候解释得过于复杂，会使原来的问题得不到解答。所以要学会问基础的问题，一步步找到答案。比如你知道的是什么？谁告诉你的？你怎么知道这就是正确的？

第二步，对基本假设进行质疑。比如你可以问一下自己，这样做到底能不能达到自己想要的结果？这是你想要走的路吗？这是你想要传达的意思吗？

第三步，注意你的心理过程。我们的大脑是具备自动性的，所以会自然地解释周围发生的一切事情，这毫无疑问在很大程度上对我们的生存是有利的，但有时也会带来诸多问题。因为这个过程是极其快速的，所以很容易让我们意识不到自己的偏见。

第四步，总是反过来想。"反过来想，总是反过来想"是查理·芒格的秘诀，也是数学家雅各比经常说的一句话。只有在逆向思考的时候，许多难题才能得到最好的解决。因为我们遇到的很多难题都是因为我们被自己的惯性思维困住了。思维是最大的牢狱，只有学会"反过来想"，才能从故步自封的局限中走出来。

第五步，对证据进行评估。就是对用以佐证某个论点的证据材料进行分析和验证，比如你可以问自己，这些材料是哪来的？它们可以证明这个论点吗？有足够的说服力吗？

第六步，经常自我反思。我们可以养成写反思日记的习惯，这是一个非常强大的工具，能够让我们保持清醒，客观地看待一切事情。

总之，我们要明白，别人的建议或者过去的经验或许放在以前管用，但是时间久了，背景变了，它可能就失效了。而且很多时候，通向目的的路有很多条，这些人只走了一条，就否定了全程，这显然是片面的。我们只有真正意义上学会了见路不走，实事求是，才能更好地应对现实问题。

第三部分

野蛮生长：对己逆人性，对外顺人性

第七章
成长的真相，都是逆人性的

心理内耗：为什么你活得这么累？

你有没有发现，很多人都喜欢花，为什么呢？你也许会说，花开的时候非常漂亮，花若盛开，蝴蝶自来，对不对？其实这是表层的东西，主要是因为花有一个非常高贵的特性：不是蝴蝶来了，花才绽放美丽，而是不管蝴蝶来不来，它都会照常开放，它是为自己而开的。很多人活得不快乐、很痛苦，本质上是因为有两个思维误区。

◎ 不是为自己活着，而是为迎合他人而活

很多人之所以有这种状态，从心理学的角度来讲，主要涉及两个方面的原因。一方面，我们没有形成稳定的自我评价，不知道自己是谁。婴儿最初是不知道自己是谁的，他需要从妈妈的眼睛里来确认自己是谁。如果妈妈的眼睛里闪现着快乐、满足、笑意，婴儿就会认为自己是好的、没问题的。如果妈妈的眼睛里闪现的是抑郁、不满、愤怒、冷漠，婴儿就会认为自己是不好的。此时妈妈的表现被婴儿感知为是自己好坏的一部分。

此阶段的婴儿分不清楚哪些是自己的东西,哪些是妈妈的东西。这就是心理未分化,即自身的一些功能依赖外界承担,比如说评价功能,解读环境的功能。

如果妈妈能够看见婴儿,并且持续地给他正向反馈,比如"你真是个好宝宝""宝宝你会翻身了""宝宝你睡醒了",婴儿逐渐就会有"我"的概念,"我"的感觉。在心理上凝聚成"我"的感觉,对一个人来说很重要。这意味着婴儿成功地内化了基本的安全感和稳定的自我评价。

但是如果婴儿的感受和需求长期没有被看见和确认过,他就不会知道"我"是什么感觉。既然没有自己的体验,那就可能总是围着别人的感受转,比如围着妈妈的评价转,好坏由妈妈说了算,自己说了不算。他没法相信自己的感受,认为自己是不可靠的,只能依赖别人才能不犯错,才能活下去。

那么这种人虽然外表已经成长为一个成人,但是心理某些部分的发展还固着在婴幼儿期,他们想被看见、被理解、被确认,一直在寻求着认可。毫无疑问,他们最终把自己的人生活成了别人期待的样子。

另一方面,从进化心理学的角度来看,在史前时代,保持良好的个人形象是生存策略之一。在那个时代,生产资源非常匮乏,生存环境又极度恶劣,而人类单兵作战的能力又非常弱小,所以祖先们想要生存，就必须保证自己在族群里的位置。印象管理不仅有利于我们获得与其他人合作的机会，还可以提升生存概率。换句话说，保持社交敏感是一种优势。这就导致我们在平时会倾向于迎合别人，甚至为了取悦别人改变真实的自己，以获得所谓的安全感。但是当我们为了避免被孤立而伪装时，就慢慢失去了自己。

总之，大多人的现状并不是为了自己活着，而是为了迎合别人活着。那么这种情况下，他们必然会活得很心累、很痛苦。

我有个朋友就过得很痛苦，为什么呢？因为他从小就被父母夸赞懂事、老实、孝顺，之后便更加疯狂地迎合自己的父母，迎合身边的七大姑八大姨。后来他慢慢长大了，但是还在被这些标签束缚着。每次亲戚一有事就找他帮忙，为了不让这些人失望，他就牺牲自己的时间伸手援助。如果哪次没有及时帮助，亲戚朋友还会指责他。

他说自己过得特别累，特别痛苦，为什么会这样呢？首先，他没有真实地活着，一直在做一个迎合者，他的内在和外在是矛盾的，是呈撕裂状态的。也就是他内在想要做自己，不想牺牲自己的时间帮助亲戚朋友，但是外在层面上又不想被他们指责，想维系那些好的标签。

其次，迎合别人是一条没有尽头的路，他牺牲了自己生命的时间去满足他人，可真能够满足对方的一切要求吗？显然做不到。所以到最后，当他明明已经做了很多，但还是满足不了别人时，内心可能就会失望，甚至绝望。

所以很多时候，我们要问自己一个问题：只要你开始讨好别人，对方的期待必然会超越你的能力，可你做好满足不了对方的期待，甚至把对方的期待搞砸的准备了吗？你要有一个意识，那就是不要做一个迎合者，而是要成为一个引领者。什么叫引领者？就是有无可替代的作用，一直聚焦于提升自己的价值，探索自己生命的意义。当你自己有价值了，当你在某个方面是无可替代的，那别人只会来求着你帮他，而不是你主动去迎合别人，这种被动与主动关系的变化是大不相同的。

承受不了一个人的孤独，容易动力不足

能够承受孤独是一项很强的能力。也就是说，能够承受孤独的人能够做到像花一样自我绽放，不只是为了吸引蝴蝶、蜜蜂。

洛克菲勒在给儿子写的信中就有这么一封：如果你有喜欢的女孩，但是她却不喜欢你，这个时候你怎么办呢？你要努力提升自己的才华，让自己变得更优秀，这时候她才有可能被你打动。如果她依然对你不动心，那怎么办呢？也不用担心，因为这个时候你已经变得很优秀了，会有其他更好的人被你吸引。

《中庸》里面也讲道：君子戒慎乎其所不睹，恐惧乎其所不闻。莫见乎隐，莫显乎微，故君子慎其独也。字面意思是，在别人看不见、不知道的时候，自己独处时，要严于律己，谨慎处事，要注意审查自己的思想。

在我看来，这说的更是一种境界，一种泰然处于孤独、享受孤独的境界。想要达到这种境界，就需要先内心持志。内在先有方向，知道自己要做什么，该做什么事，这样才能一直保持内心的清明澄澈，不因他人的态度而影响自己。这和孔子所说的"人不知而不愠"的境界也不谋而合。他人知不知道我，是否误会我，对我来说有什么重要的呢？何必生气呢？我很喜欢王阳明，王阳明的故事其实也可以深刻反映这一点。

王阳明少年时期就立下了志向要成为圣贤，后来仕途坎坷，被贬龙场当站长。他以为好歹是做政府官员，应该不会多糟糕。但实际情况是，当时的龙场驿站年久失修，缺衣少食，居住和饮食都成问题，当地还弥漫着瘴疠之气。这对于从小就患肺病的王阳明而言无疑是个地狱，他只能住在阴冷潮湿的山洞里，而且要靠自己解决温饱问题。

除此之外，王阳明从小就喜欢和他人交谈，但当地大都是杀人不眨眼的土著和中原的流亡人士。这些人显然不是他的谈话对象，所以他在心理上是很孤独的。

王阳明一开始也是备受打击，但是他有没有被打倒呢？并没有。因为他不是一时兴起要成为一代圣贤，而是真正发自内心地持有这个志向。什么叫发自内心地持志？它意味着你真正想明白了心之所向，并且也很清楚地知道要走的这条路不会容易，会有各种问题、痛苦，但是你仍然愿意走下去，持之以恒。所以即便不容易，经历了无数坎坷磨砺，王阳明还是挺了下来，并且把龙场当成磨砺自己的道场。他最终悟道，实现了自己的志向。

总之，想要活得更加快乐通透，就要明白，孤独在于内心，热闹在于形式。孤独本身是人一生的主旋律，只有从真正意义上想清楚自己要做的是什么，发自内心地持志，才能真正意义上接受并享受孤独，才能不对外在保留太多不切实际的期待。

为什么很多年轻人不愿意结婚了？

我有一个朋友在民政局工作，他和我分享了一个很有趣的现象：疫情当下，大家的日子都不怎么好过，就连离婚率也是暴涨，天天都有人来排队离婚。为什么会出现这种情况呢？其实这背后也是有人性因素存在的。

接下来，我们从三个方面来对婚姻这件事建立更深刻的认知和理解。

婚姻中的很多问题无法靠逃避解决

很多人都追求爱情的美好,但是大多数爱情是经不起厮守的。我们都知道这样一句话:婚姻经得起磨难,却经不起平淡。其实这并非空穴来风,而是有迹可循的。谈恋爱的时光往往是最美好的,等到两个人真正过日子的时候才恍然大悟,一切都没有自己想象的那么简单。对于这一点,刚结婚的人往往感触颇深。

我们观察一下身边人的婚姻状态,会发现很多婚姻的现状就一个字,那就是"熬",也就是坚持把日子给熬下去。为了熬下去,人们常表现出两种行为倾向,一个是喜欢逃避,一个是远则生怨,近则不恭。

逃避是一种人与生俱来的保护机制,我们确实没有必要贬低它的效能。从外在来说,在遇到危险的时候,逃走当然是最快、最有效的方式,也是人类近乎本能的反应。从内在来说,我们的大脑天然就具备趋易避难、趋乐避苦的天性。所以在面对很多困难的时候,我们的第一反应也是逃避。这似乎无可厚非,只是它不是长久之计,因为逃避会带来两个问题。

第一,逃避看似是远离了危险源,但其实每一次逃避都是强化对危险源的恐惧。逃避会让你觉得即将要面对的危险程度越来越高,尤其是你从来没有正视过这个过程。你预感到的危险正在你的脑内通过想象不断膨胀,日积月累,它就变成你永远也无法逾越的鸿沟。所以逃避这种行为本身会令你害怕的事物逐渐地妖魔化,而实际上也许它并没有那么难。

第二,每当遇到事情的时候,你不去直接面对,而是通过做别的事情来转移注意力。当时你确实能把问题暂时压下去,但是这个过程并不是在白板上写字,写完一擦就没有了。只要事情发生了,就会留下痕迹。只要你不去面对和解决,它就一直憋在你的心里,在慢慢发酵,终究会让你避无可避,然后爆发。

那么毫无疑问,婚姻双方同住一个屋檐下,如果缺乏沟通,心里都压抑着对彼此的各种不满。两人整日面面相觑,当各种婚姻问题再也压不下去时,日子就再也熬不下去了。

接下来讲另一个倾向,远则生怨,近则不恭。这句话出自《论语》,就是说两个人距离太远了,难免生嫌隙,心生怨恨;但两个人距离太近了,又会互相看不顺眼,都在挑对方的毛病。正如人际关系心理学里所说的,要把握分寸,保持适当的距离,说的也是这个意思。如果再往深处探讨的话,其实就讲到了每个人的独立价值。正如樊登老师说的,人与人交往的分寸感来自独立的人格和思想,"我"的价值并非来自别人的投射。

但很可惜,大多数人对自己的价值并没有恒定的认知。所以当别人对他好的时候,离得近的时候,他的价值意识就膨胀了,觉得自己比对方更优秀，对方要讨好自己。他开始轻视对方，看到的都是对方的缺点、没做好的地方。当对方离他远，对他不好的时候，他又觉得自己很糟糕，没有价值，还会心生怨恨。本质上来说，就是这个人的价值感来自别人对他的态度，而他对自己没有恒定的认知。

在婚姻关系里也是如此，天天待在一起的夫妻大都会出问题。他们在描述另一半的时候，基本都是嫌弃、指责、不满意。有人说，最好的关系不是整天腻在一起，因为人总是会有审美疲劳，也有相处疲劳。有时候，两人分开一段日子再相聚，关系会维护得更好。

价值观改变导致结婚越来越难，甚至很多人坚持不婚主义

为什么很多年轻人开始选择不结婚了呢？我们可以从社会主流价值观和生存背景的变化来分析这一现象。社会的主流价值观会影响大部分人的行为。封建社会的主流文化毫无疑问就是父母之命、媒妁之言。那时候的女性几乎是没有什么地位的，而且婚姻对于她们来说是必不可少的，有些朝代甚至对婚嫁都是有规定的，女人必须要嫁人。

《晋书》里就有记载，如果晋朝的女子到了17岁，父母还没有为她找到婚配对象，官府会强制性为其匹配一个丈夫，女子不

能不从。到南北朝时期，如果女子15岁还未出嫁，家人也会被处罚。这样的规定对于那些疼爱女儿的家庭来说实在太残忍，他们不得不给女儿寻找一个夫婿，否则后果会更加严重。为什么政府要干预普通人的婚嫁呢？因为那个时候动辄就要打仗，而且医疗条件不发达，导致极度缺乏劳动力，所以让女子早点结婚生子就是这个目的。

可是当代流行的价值观早已经发生巨变。对于现在的人来说，经济发达，科技进步，医疗先进，所以婚姻对很多人的生活仿佛不再是必需品了。更重要的因素是，现在男女地位平等，越来越多的人都开始高呼为自己而活，再加上有能力赚钱养活自己，因此有些人不愿意仓促结婚，甚至坚持不婚主义。

另外，从社会背景来看，很多人选择不婚主义也是合理的。背景的变革主要体现在两方面。第一方面，现在的女性不再像古代那样，不能抛头露面去工作，只能在家相夫教子，离开男人就无法生活。大部分现代女性都有工作，能养活自己，甚至赚的钱比男人还多。在她们看来，独居生活更加自由，没有负担，所以根本不想打破现在的生活状态，步入婚姻。

第二方面，年轻人的成长环境不同。这一代的适龄青年大都是独生子女，从小就是被家里宠着长大的，性格比较自我，所以很难在关系中去迁就和包容对方。但是，在婚姻中，很多时候都需要牺牲自己的个性、事业、需求等去迁就另外一个人，这就会产生很多矛盾。比如很多女性必须要辞掉工作，做全职太太，陪伴孩子成长。对男人来说也是一样的，他们也越来越没有耐心和精力去等待和了解女人。人们也变得更加现实，他们坚信，如果没有钱、没有事业，那么再浪漫的关系也维持不了多久。

所以，在社会主流价值观和时代背景的双重影响下，人们对婚姻的态度也发生了前所未有的改变。最大的变化就是诞生了不婚主义，已经步入婚姻殿堂的人对伴侣的包容度也在降低，一言不合就选择离婚，迅速回归单身状态。

婚姻是一场互利的合作

我们在《这就是人性》一书中对婚姻的本质已经做过深刻的分析。婚姻制度并非天赐，而是人为，婚姻是一场双方都获利的合作。《认知突围》一书中提到，我们的大脑有一个模糊计算系统，它会实时对我们与外界的互动进行权重加分。

当你在为另一半拧瓶盖、开车门、拎重物、创造惊喜之时，你可能并未有意识地精确计算价值和回报，但你的模糊计算系统已经快速地为你评估，做这些事可能会引起对方的好感。对方可能会给你回报，也许是一句赞赏，也许是一个拥抱，也许是一个吻，也许只是在心里为你加分，但这种加分可能会在未来转化为更实际的回报。

这一系列的模糊计算都在一瞬间完成,并引导我们做出对自己最有利的选择。不过这个时间太短,几乎像条件反射一样,因此我们基本上都意识不到。所以"爱"也是模糊计算后的结果,是我们在无意识的状态下对自身利益最大化的一种选择。婚姻同理,只是要评估的利益因素更多而已。

读到这里,我相信你对婚姻又多了一层深刻的认知。不过,我们得结合现在的时代来看婚姻这件事。

这是一个个体崛起的时代,大量优秀的个体逐渐从家庭、婚姻、企业中解脱出来,成为自由人。未来社会的每一个人,都会以追求自由、理想和幸福为终极目标,这一切都是以个人的感受为尺度的。

也就是说,世俗的眼光和标准正在一点点失效,未来的幸福标准只有一个,那就是你自己是否开心。所以在这个时代,没有任何一个人有义务迁就另外一个人。为什么现在人们很容易就谈分手或离婚?因为人们纷纷跳出了世俗道德的束缚,直奔利益而去。

在一定程度上,如果说恋爱的本质是情感交换,那么婚姻的本质就是利益交换。不要指望有人无条件地对你忠诚和付出,除非你这里一直都有他想获取的利益。一旦你能贡献的利益消失了,不仅时代会抛弃你，你身边的人也会先抛弃你。合作、恋爱、婚姻都是如此。在未来的社会，人越来越自由，越来越现实，越来越自我，传统的道德观念对人的束缚会越来越弱。

这是不是意味着你就不要结婚了呢？当然不是，我依然坚持认为，没有真正经历过从一而终的感情，人生是不圆满的！不过明白婚姻的本质，会让我们更容易看透很多事，更好地维护感情。婚姻本就是一场自我修行，婚姻的内容绝不仅仅是爱情。不仅仅以爱情为支撑的婚姻，才能长久。

因为爱情只是短时间的好感带来的刺激，而这种开始的好感，是建立在双方对形象的刻意维护上的。时间久了，彼此都没有刻意维护的动力了，爱情的激情也就慢慢平淡了。能在平淡中不被磨平的，是双方因为家庭、孩子、生活习惯所建立起来的亲情。我更愿意认为，婚姻是一场磨难教育，是对一个人心性的磨难，可以锻炼一个人的责任和担当。真正成熟的人，一定少不了家庭的磨炼。

怎样不被带节奏，保持独立思考？

我曾一度坚信热情是成交的通关秘籍。但当真正践行后我发现，客户并不会因为我的热情买单。到底哪里出了问题，这困扰了我很长一段时间，直到我遇见一位老师。他对NLP（神经语言程序学）非常感兴趣，给我分享了很多这方面的知识，让我对事物有了新的认识。其中最重要的一点是NLP的一个前提假设：沟通的意义取决于对方的回应，有效果比有道理更重要。

简单说，就是自己说得多么正确并没有意义，对方收到你想表达的讯息才是沟通的意义。因此自己说什么不重要，对方听到什么才重要。没有绝对正确的沟通方法，能让倾听者完全接收到表达者意图传达的讯息，便是正确的方法。说话的效果由表达者控制，但由倾听者决定。改变表达的方法，才有机会改变倾听的效果。

弄明白这一点的时候，我真的是如获至宝。同时，我曾经深深信服的很多思想，也在那一刻逐步坍塌。看电视剧的时候，主人公说了一句话："从来如此，便对吗？"对此我更是深受感触。这世界上95%的人都是缺乏独立思考意识的，他们只懂得人云亦云，跟随大众的节拍，所以一种思想即便过时了，但只要被流传得久了，传播的人多了，也会成为一种文化。

天气大旱，有一个原始部落的人们日子过得很凄苦，天天求雨也没用。刚好有一天，部落又请来一个人来求雨。在求雨的过程中，他屁股有点痒，就抓了一下屁股。可就是这么巧，此人刚抓完屁股，天就开始下雨了。从此以后，他就到处宣传，抓屁股就能请到雨神，族人们也都纷纷附和。久而久之，抓屁股就成为请雨神的仪式动作。

这故事可笑吧！可是这样的故事却频繁在我们的现实生活里上演。比如前些年的"成功学思想"；父母天天跟你说的"上大学才有出路"；民国之前所谓的"女子无才便是德"；现在还有人盲信的"顾客就是上帝"。

在心理学中也有一个不成文的定律，一件事被反复重复得多了，就会成为"真"的，它进而影响人的认知。为什么会出现这种情况呢？如果往深层次去剖析，这其实是人性的懒惰造成的，大脑也不例外。就像人们为了避免走路而发明了汽车，为了避免写信而发明了电话一样，由于对每件事物进行独立判断需要花很长的时间，于是我们的大脑便走了一个捷径。那就是看看周围的大部分人是怎么想的，他们认为什么是对的，然后就把这些当作最好的选择。

根据别人的想法形成自己的观点，在某种程度上确实帮我们省了事。比如如果外面在下雪，人们就会穿暖和一些；去沙漠里考察，你即便没去过，也知道需要储备足够的水源。你不用亲自尝试一遍才得出经验，通过别人的经历，你同样可以得到。但这同时也让我们有被信息误导的风险，原因有两个。

大多数人说对就是对，但"大多数人"并没有清晰的界限

一方面，我们会根据大多数人的意见形成自己的观点，但问题是，持有某种观点的人究竟要达到多少，对我们来说才意味着是"大多数人"呢？事实上，我们对此并没有清晰的界限。也就是说，我们并不清楚到底多少人说明这个观点，或是一个观点被说了多少次，才符合所谓的"大多数人"。

另一方面，如果我们对某个观点耳熟能详，那可能是因为我们听过很多次了，我们会在潜意识中相信它是真的。毕竟，不可能所有这么说的人都是错的。在心理学中，有一个专门的名词解释这个现象，叫作群众论据。但是，大多数人说的一定是对的吗？并不是。列宁曾说过，真理往往掌握在少数人手里。一件事情到底是对是错，往往要在我们对周围环境以及一系列复杂因素统筹考虑之后才能得出结论。

我们不太挑拣信息的来源

如果我们在形成自己观点的时候，往往更愿意参考权威人士、行业专家、业内达人的观点，这在一般情况下是不会有太大问题的。比如，想要健身，最好的方法是倾听健身达人的建议；生病后，最好的方式是去医院找医生诊治。

这些看似都没有问题，是非常明智的选择，但是问题就恰恰

出在这里。我们做判断或形成自己观点的时候，往往是不太挑拣信息来源的。如果我们经常听到某种说法，就会逐渐把它视为应该遵从的常规，而不会费心去质疑是谁在这么说。或者从我们的潜意识观点的形成层面来说，我们对信息的认知比对信息源的认知更重要。就比如，如果经常有人对你说"咳嗽要多吃冰棒"，那么久而久之，一个不懂常识的人真会在咳嗽的时候买冰棒来止咳，而不是去质疑谁说的这句话，这句话对不对。

所以，社会上流行的很多思想、观点，甚至是文化，也许并不合理，或者说一开始就是别人刻意制造的。就好比封建社会的君王为什么要罢黜百家、独尊儒术，说白了也是为了控制思想，给大众输入"价值观"。但是，大多数人并不能识别出来，反而会乖乖就范。

那么，如何才能不轻易被这些错误的文化、思想所影响呢？不妨从以下三点出发。

第一，提升自己的知识储备和见识。

试想一下，假如有人让你伸出手去火坑里拿东西，即便说得再有道理，甚至给你钱，你会拿吗？肯定不会，因为你很明确地知道，火会烫伤你。

为什么很多时候，我们会选择根据别人的观点或建议做事情？其实就是因为我们的能力和知识储备不够。别人怎么做，自己就跟着别人做。这也说明，要想不那么容易被别人影响，我们一定要加强自身的素质和辨别是非的能力。比如别人说咳嗽要多吃冰棒，你如果懂得医学方面的知识，就会知道这是非常错误的做法，自然也不会被他们所影响。

第二，有批判性思维，形成自己的思考。

批判性思维就是能够检验思维过程本身的思维。比如人们经常说"你逻辑有问题"，这就是对思维过程的逻辑性批判。培养批判性思维，就是要把关注点放在别人的整个推理过程上，从观点、证据、结论等多个方面全方位检验是否存在错误或纰漏之处。这一点我在上文也已经讲过了，你可以回过头再去温习一下。

第三，确立自我同一性。

随波逐流的人往往是没有自我同一性的人，也就是说，他都不清楚自己是什么样的人，不知道自己要做什么样的人，所以没有表现自我的欲望。生活对于他来讲没什么意义，他只想混日子，得过且过。所以在别人都提出自己的观点时，他只会选择追随，而不想表达自己的观点。

确立自我同一性，就是考虑自己要成为什么样的人，并为此付出努力。一旦你行动起来，你会变得勇敢，敢于打破众人的压力，表达自我，成为特立独行的自己。

如何成为一个有影响力的人？

大多数人所认为对的事情，我们也会不由自主地觉得对，但对这个"大多数人"并没有清晰的界限。简单说就是，我们的潜意识更在意的是一个观点被说了多少次，而不是有多少人说。

所以，很多时候，要使一个观点或行为被认知为群体的常规，只需一个人就可以做到，只要这个人重复这一观点或行为足够多次。因为对我们的大脑来说，100个人说同样的事情和1个人把同样的事情说100遍，其实没有什么区别。事实上，你会发现，那些在电视台、广播或其他地方投广告的商家一直在做这件事。他们反复宣扬自己的产品有多好，但事实上说这些的从始至终都只有他们一个公司。

所以，想要别人信服你的观点，其实也是很容易的，只要按照这三个步骤来。

第一步，通过各种方式不断重复要传达的信息。

如果你想要影响别人按照你的方式来做事，那么就请尽可能多地把你要表达的信息传递给他们，不管是通过什么形式，比如图片、文字、语言或者视频等。只要你坚持说足够多的次数，他们会觉得赞同你就像是在赞同大多数人的观点一样，而不会意识到"大多数人"实际上主要就是你。

你也不用担心那些没有赞同你的少数人。当越来越多的人赞同你时，他们将会悄悄地保留不同意见，以免引起尴尬。就好比大家都觉得一家饭馆的菜很好吃的时候，即便你觉得不好吃，大概率也不会说出来。

第二步，建立一整套思想体系。

除了重复说同一句话，更有效的方法是建立一套完整的理论体系，好让你的措辞看起来没有那么支离破碎。

比如，你有一款新产品，你想要让人们相信你的产品非常有价值，那么你需要建立一整套思想，包括产品的故事、产品的材料、产品的功效、创始人的故事、产品的客户见证等。当你要传达的信息越完整、越全面，对方就越容易被影响，并且相信你。

第三步，适可而止。

最后一点非常重要。当大家基本上已经相信你所传达的观点是大多数人的观点时，或者当一定数量的人认可你的产品时，你就可以隐身了。

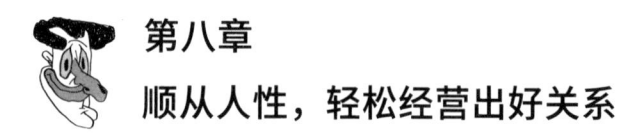

第八章
顺从人性，轻松经营出好关系

面对过分的要求，不会拒绝怎么办？

你是会对拒绝感到焦虑的人吗？你是否总把责任都扛在自己身上，对于他人的要求照单全收，尽管那并非你的本意，结果却把自己搞得很累？如果是，那你要小心了。这一节要分享的主题就是关于拒绝的。首先，我们来看一下拒绝的五个层级。

第一个层级：不拒绝

即便别人侵入你的边界，向你提出一些不合理的要求，你已经感觉到很不舒服了，但你依然选择委曲求全，通过强迫自己来成全别人，这是最低级的拒绝状态。你之所以不会拒绝人，除了不知道好的拒绝方法外，还有一个深层次的原因：你的大脑基于这件事产生了很多主观假设，你假设一旦拒绝了别人，别人就不理你了，就孤立你了。这些让你深深地恐惧，所以你宁愿委屈自己，也不敢直接拒绝别人。

在《有限责任家庭》一书里，作者李雪也说道，不善拒绝别人的人往往是因为害怕，他们总是害怕失去关系，害怕伤害别人，因此为了保住关系而做出各种妥协。而这种害怕则是由虚假自体所导致的，它使得个体用一个壳与外界沟通，常常界限不清晰，也难以拒绝别人。

真实自体是可以独立存在的，而虚假自体必须依赖关系而存在。可以这样理解，真实自体就像自带电池的笔记本电脑，一段好的关系可以给自己充电，没插电源的时候也能照常运转。而虚假自体没有自带电池，只要关系断裂，它就像被拔掉了充电线一样，让人两眼一抹黑，在慌乱中没有存在感。所以，虚假自体总是恐惧失去关系，会为了保住关系而做出各种妥协，任凭这些妥协伤害自己。

对于这种人，我的建议是可以去做一个验证。你可以试着拒绝一次看看，去检验一下对方是不是真的会如你假设的那样孤立你，不理你，或者更强烈地攻击你，以及真的出现这些情况，你到底有没有足够的能力承受。

你或许会发现，拒绝之后，对方并没有这样做，反而更加尊重你了。对方选择妥协的时候，其实你就收获了一个自信硬币。随着这种经验的叠加，你可能就能走出这种假设的恐惧了。当然，你刚开始做"拒绝练习"的时候，可以先找一些不太重要的关系圈尝试。

第二个层级：代价很大时才会拒绝

其实每个人在面对不合理的要求时，内心都是想拒绝的。之所以愿意委屈自己，主要原因是自己有能力满足对方，并且不用付出太大的代价，更不会遭受很大的损失。

举个例子，现在让你给我打100万元钱，你肯定会拒绝，是不是？但是现在让你把这本书推荐给身边的好朋友，你是不是很大可能就会去做？即便你内心可能不想做这个动作，你也不会拒绝。因为在你看来，这是你能力范围内能做到的，而且也不会付出太大的代价。

再比如说，你的父母让你每周给家里打个电话，也许你挺烦的，不想做，但可能你就难以拒绝。但是如果父母让你嫁给一个你不喜欢的人，你就很容易直接拒绝了。

所以你要明白这里的核心是，很多时候并不是你不会拒绝，只是在你觉得自己有能力满足对方，并且接受对方的要求后，自己也不用付出很大代价时，你会变得很难拒绝。

第三个层级：找借口拒绝对方

朋友约你吃饭，你不太愿意去，但碍于情面，你往往不会直接拒绝，而是会找一大堆借口，比如没时间，要开会，下周有时间再约，等等。但你肯定不能将内心真实的想法告诉对方：因为我对这顿饭没兴趣。

为什么会出现这种情况呢？就是因为我们的潜意识里有一个限制性信念：我拒绝你，我就要有合适的理由。如果没有，那我就不能拒绝。这个信念导致我们在面对别人的需求时，最困难的不是拒绝，而是艰难地寻找或者编造各种理由。

和第二个层级的拒绝相同的是，你也是有能力满足对方的，但是你本身并不想这样做，又不能直接表现出来，这样就显得过于理亏，所以会倾向于寻找各种各样的借口。但是找借口也是有很大弊端的，因为只要是借口，就有被别人识破的可能。就像我们出招，那就可能会被拆招。当你所有的借口都被别人解决了，站不住脚了，那这个时候你是不是就没法拒绝了？

另外，找借口还有一个好处：我不仅不用满足你，还能让你理解我，不会因为被拒绝而恨我、怪我。当你这样做的时候，也很容易出事。因为你传递给对方的意思就是，其实我很想帮你，但是我有理由。你只要帮我把这个理由解决掉，我就同意。这时候对方就会绞尽脑汁思索更多的可能性来解决掉这个理由。可是他发现，无论怎么做，你都不会帮他，他肯定会愤怒，甚至直接怒斥你："你想拒绝我，直接说就好了，为什么要搞这么多的理由呢？害我费了这么大劲儿。"

那么对于上面这两种情况，我的建议是你要做好课题分离。

课题分离是心理学家阿德勒提出的解决人际关系烦恼的理论。阿德勒说，要想解决好人际关系问题，最重要的就是要区分什么是你的课题，什么是我的课题。我只负责把我的事情（课题）做好，而你只负责把你的事情（课题）做好。具体怎么做到呢？在我看来主要分为三个步骤。

第一步，判断"这是谁的课题"。

做好课题分离，首先就要学会区分某件事是谁的人生课题，这一点可以参照"选择所带来的结果最终由谁来承担"来做判定。比如，别人向你提出什么要求，这是别人的课题，因为"被接受还是被拒绝"这个结果是对方要承担的。而如何回应他们则是我们的课题，因为不管接受还是拒绝，其带来的结果是要我们承担的。

所以你去做一件事，不要去想什么对错，对错本就是很主观的定义，立场变了，对错可能也就变了。你要去看的是在这件事中，属于你的课题是什么，别人的想法、看法都是对方的课题，你无须按着他说的去做，更不用过度在意他的看法。有做事的勇气，自己对自己负责比什么都重要。

第二步，守住本分，不去干涉别人的课题。

干涉别人的课题是以自我为中心的表现。比如，盲目"鸡娃"的家长很多时候是因为攀比，他们为了面子而强迫孩子必须怎样，其实他们就是把孩子的课题看成自己的课题，打着为孩子好的旗号，满足的是自己的人生需要。这并不是真正意义上的爱，而是阻碍，因为会干扰别人的课题。

第三步，守住边界，不要让别人干涉自己的课题。

分清了课题后，为什么很多人做不到分离呢？因为他们守不住边界，这可能和一个人的原生家庭和长期以来的价值观熏陶有关。比如我们从小到大就被周围人灌输孝顺、善良、得饶人处且饶人等价值观，这导致我们即便知道要对别人的干涉进行辩驳、拒绝，但面对具体问题的时候，还是忍了、认了。

事后，我们还会告诉自己，很多事情忍一忍没关系，听别人的也没什么。这看似维护了一时的平静，却影响了自己的情绪，打击了自己的自信。久而久之，我们可能会真的觉得别人眼中的自己才是真的自己，别人给的路才是最适合自己的路，而无法找到真正的自己，被牵绊、被束缚。

每个人在生命中都有自己的事情需要独自面对，我们不能左右别人的事情，同样也不必被别人左右。冯唐曾说过，世间万物，很大一部分事，归根结底是两件事，一件是"关我什么事"，一件是"关你什么事"。真正理解了这一点，我们就有很大勇气迈出这关键的一步，从而敢于拒绝别人。

第四个层级：不带理由地拒绝

我希望所有人都能学会这一层级的拒绝方式。因为很多时候，拒绝是不需要理由的。当别人的请求让你感觉到不舒服，或者侵犯到你的边界时，你直接拒绝就好了。大胆说出你的想法，只要礼貌一点就可以。如果说对方因为你的一次拒绝，就不把你当朋友了，并埋怨你，责怪你，那其实你应该庆幸，这样的人根本就不是真正意义上的朋友。

你要明白，如果因为你的拒绝，对方就受伤的话，你是不用为他的感受负责的。对方对你有需求，那就要承担被拒绝的可能。他要为自己的需求负责，而不是你为他负责。你的任务永远是先照顾好自己，先考虑自己。如果对方的要求让你很不舒服，那你就应该直接告诉对方。

第五个层级：通过开条件或提要求的方式拒绝

前四个层级的拒绝其实都是一种防御，那么，这种开条件、提要求的方式就是反客为主，变被动为主动。关于这一点，我也在《这就是人性》中通过案例详细解读了。对于不合理的要求，谁都会想拒绝，但是很多人并没有意识到，所谓的不合理，通常都不是不可能，而是缺乏条件。比如，上司交代的任务看似强人所难，但可能是因为时间或者资源不足，没有办法保质保量地完成。

所以，当你想对这种挑战说"不"的时候，不妨换个角度，用成长性思维来分析。如果这个时候说"是"，需要额外增加什么样的条件？具体的做法，就是从接受对方的要求开始，但不是无条件地满足对方所有要求，而是有条件地接受，也就是以接受为筹码换取更多的资源。

了解这五个层级的拒绝方式后，我们再来详细看几个案例，手把手教你学会拒绝。

【可能遇到的问题一】

你平时的工作已经忙不过来了，老板还常常加码，不断分派新任务，你该怎么拒绝这种不近人情的要求呢？

常见的说法：不行啊！老板，我手上有这么多事了，实在没时间处理啊！

高手的说法：没问题！老板！可是您看我手上已经有这么多事了，要保证工作品质和进度的话，我希望您派两个帮手给我，可以吗？

【为什么要这样说】

直接拒绝老板的话，老板只会觉得你是制造困难的人。只有接受工作，你才能成为老板心中善于解决问题的人。而且，你提出的条件，其实就是拒绝老板原本"又要马儿跑，又要马儿不吃草"的想法。

但是,你一提出"要完成这件工作,我需要什么条件"时,在老板眼中,你就是态度积极、想帮公司解决问题的员工。这时候,你不仅并非麻烦制造者,老板还会为了让工作进行得更顺利,主动配合你,考虑是否该提供更多资源,还是重新安排这个计划。

当然,有些老板只愿意分派工作任务,却从来不肯给资源。在这种情况下,除了争取授权、预算和人力资源之外,你还可以考虑时间资源的置换。

比如说,老板交给你一项紧急任务,规定你必须三天之内完成。这时候,你就可以借机跟老板置换,一边表态说自己很乐意临危受命;一边表示为了保证工作品质,势必需要推延其他任务的截止时间,请老板批准。

如果老板交给你的事情真的很紧急,通常不会不答应这个要求,甚至还会主动增派人手来帮你。结果你的工作总量不一定会增加,但在老板眼中的印象已经是大大加分了。事实上,如果最开始就一口回绝老板,并不会让你之后的工作更轻松。等你忙完手边的事,还是会有新的工作、新的任务。反倒通过交换筹码获得资源,你可以在同样的工作负担基础上,赢得老板更多的赞赏。

【延伸思考】

这种跟老板谈判的技巧,除了可以用来交换工作上的资源,也可以用来交换实质的奖励。比如,你觉得最近加班太多次,就可以在老板交代新任务的时候说一句:"没问题!只是这阵子忙得乱七八糟,赶完这份工作,您要答应让我放假啊!"

只要不涉及原则性的问题,任何拒绝其实都是某种谈判。而既然是谈判,接受与不接受,都不是绝对的,而是有条件的。善于拒绝的人,往往也是善于开条件的人。聪明的拒绝有这样一种逻辑:以现有的条件我做不到,可是换个条件的话,我想我是可以接受的。

【可能遇到的问题二】

我是一名设计师,很多朋友都找我帮忙制作图片和海报。但帮了这个忙之后,我不但得不到酬劳,还得不到对方的重视和感谢,对方还变本加厉地让我继续帮忙。我该如何拒绝这样的要求呢?

常见的说法:不好意思,最近真的没时间。

高手的说法:不好意思,正因为这是我的专业,所以实在没办法随便帮。

【为什么要这样说】

很多专业人士都会陷入被人要求免费帮忙的尴尬。比方做翻译的人经常被要求顺手翻译外语资料，当律师的人经常接到电话想稍微咨询一下法律建议。而这些人事后往往不会想到要支付相应的报酬。

为什么会出现这种情况呢？其实很多时候是因为人们的价值衡量标准出了问题。我举个例子就很容易说明白了，如果我们要请人帮我们搬砖，从一楼搬到六楼，对方汗流浃背，我们不会只说一声谢谢就完事了。因为在大多数人看来，这很辛苦，这种价值可以直接衡量出来。

但是如果医生只是给了几个建议，或者让设计师设计一张海报，我们很多时候是不愿意付钱的，或者说付了钱后会觉得不值得。因为人们对某样事物是否值钱的认知，往往都流于表面。这些工作当然也需要花费时间、人力和物力，只是不像搬砖那样直观，所以经常被忽略。甚至外行人会觉得，你不是专业的吗？你只需要动动嘴，给我提些建议就能帮到我，这对你来说丝毫不费力，我为什么还要付钱呢？所以，如果你的职业不太容易让人看到付出，就特别容易被人占便宜。如果你真的想拒绝被人占便宜，就要直接消除他对你专业价值的误解。

举个例子来说，知名相声演员冯翊纲同时也在大学教课。上课时经常有学生起哄，让他讲个段子。遇到这种情况，冯翊纲在每学期的第一堂课开始前，就会先介绍自己的一个原则：我是说相声的，所以上课时我绝对不会讲笑话。因为我一说笑话，你们就得给钱才能听。

他的意思是，讲笑话是我的专业，不是我的嗜好。既然是我的专业，我就不能随便乱来，不然就是不敬业了。所以，一旦我讲了笑话，就得收钱。不然，不是你们对不起我，是我对不起自己的专业。像这样软中带硬的说法，就比冷冰冰地拒绝要好得多。而且学生听完之后，更能感受到专业人士对自己专业的自信和尊重。

如果以后有人想请你免费帮忙，请记住，专业就是要拿来收钱的，不能随便给人。你可以这样跟对方说："对不起，因为这是我的专业，所以如果我不认真做，我对不起你。而如果我认真做了，我对不起我的专业。这个忙，我实在没办法随便帮。"专业人士要对得起自己的专业，所以不能降低标准帮忙随便做；专业人士要对得起自己的行业，所以不能免费帮忙破坏行规；专业人士要对自己的价值有自信，不管外行觉得这事有多轻松，该有的价格还是得维持。

【延伸思考】

人性是这样的，有了第一次，就有第二次、无数次。你免费帮对方一个忙，未来可能会再让你帮无数个忙，因为你好说话，又不收钱，对方有问题自然要想到你。另外，对于专业人士来说，不能帮忙就直接拒绝，不要解释那么多，或者找多个借口。因为当你说自己没时间时，对方通常就会接着说："没事，没事，我对品质没要求，你随便做一下就好……"

可是，一旦你相信这种话，结果做出来效果不好时，对方就算没给钱还是会抱怨，甚至会怀疑你能力不行。反过来说，如果你做得很认真，而对方又觉得这不过是你随便做的，你也会觉得委屈。如果对方以为你做的事只是顺手一帮，那么你可以从专业标准这个角度去解释，让对方明白你的作品关系到自己的专业形象，所以不可能随便做事。而如果要按职业标准认真对待，那就得收费。话讲到这里，不但维护了你的利益，同时也可以让对方更尊重你的价值。

另外，人际互动是很微妙的，虽然我们很难要求别人尊重我们的专业，但是当你表现出"不管你怎么想，我都很尊重自己的专业"时，就算你拒绝了别人的要求，对方也会觉得你的专业是值得他人敬重的。

三毛说过：不要害怕拒绝别人，因为当一个人开口提出要求的时候，他的心里已经预备好了两种答案，所以给他任何一个其中的答案，都是意料中的。在我们的传统文化中，保全面子是重要的，保全面子就意味着不要让他人难堪。太多不懂得拒绝的朋友，正是因为害怕驳了对方面子而不好意思拒绝，由此导致了一系列不愉快的后果。

友善其实是一种病，病就病在企图取悦所有人。过度友善的人更害怕拒绝，因为在他们看来，拒绝别人同样是一件伤面子的事。把面子看得比天还大，往往源于内心的弱小，事事害怕让别人失望，其实也是一种自卑。

可以付出，但不要有付出感

不久前，我看了一档综艺节目。让我感触比较深的是节目刚开始发生的一个小插曲。

当时有一对情侣嘉宾正要做饭。女嘉宾对男友说："我给你做一个白糖番茄吧？那个很好吃。"男友却语气不爽地说："不要说给我做好不好？我们在一起吃的，你不要说给我做。"

女嘉宾有些生气地说："这个词儿有这么重要吗？"

男友回复："我觉得很重要，反映你的想法跟你的内心。"

女嘉宾不服气："那我给你做这件事情有什么不对呢？"

男友回复："我没有说不对啊，但你说给我做好像是在伺候我，可我们是在一起吃啊。"

这话彻底惹怒了女嘉宾，她就没再回应男友的话，自己低头做着饭。

这个片段播出之后，可以说快速地引起众多网友的热评。有人力挺女嘉宾，为她打抱不平，但也有人觉得男友似乎说得没有错。其实这有所谓的对错吗？并没有，只能说更多的是合适或不合适，理解或不理解。这样的事不只是发生在这对情侣之间，在亲密关系场景中也很常见。那为什么会出现这种问题呢？其实这里面涉及两个主题。

一个是主体的转变。在和另一个人建立关系之前，主体是"我"，"我"在看待问题、采取行为的时候不用考虑那么多，自己能够接受就可以了。但是成为别人的伴侣后，主体就由"我"变成了"我们"。所以平时我们看似没什么问题的话语、处事方式，如果放在关系的层面去看，可能就不太适合了，甚至会因此产生矛盾。

另一个就是我们这一节要讲的主题：付出没有问题，付出也不一定就会换来爱，但是在某种程度上，付出是能够增加被爱的概率的。可是不健康的付出就不一样了，不健康的付出必然是换不回爱的。更可怕的是很多人可能就会玩起付出感的游戏，这必然会让亲密关系变得更加严峻。

什么是付出感？从心理学层面来讲，付出感是每个人与生俱来的补偿心理。我们做一件事一般有两种动力：一种是为自己而做，一种是为他人而做。如果是为自己做，那么即便这个过程很痛苦，我们也会任劳任怨，因为我们知道这是自己选择的，怪不得别人。但是如果是为别人而做的,那么我们就会形成一种付出感。付出感就是在你的感觉里,你为对方做了多少事,但这和你实际上做了多少事完全是两回事,和对方感受到你做了多少事更是两回事。

所以当你付出了很多,但是迟迟没有得到自己想要的回应时,你在付出感的加持下就会心怀委屈、不甘,想要通过各种手段让对方回应你。就像李雪老师在《走出剧情》一书中提到的,付出感必然伴随怨气,付出越多,怨气越重。不健康的付出主要有下面这几种。

盲目的、自以为是的付出

我的第一个女朋友就是这样一个人,她虽然对我也很好,但是她的付出会让我很有负担。拿一件日常小事来举例,我不喜欢吃肉,她也很清楚这一点。但是她心情好的时候就喜欢做各种大鱼大肉,我也只能硬着头皮吃。如果哪次吃得少了,她就会抱怨,生闷气,说"以后再也不给你做饭了"。对此,我就很不能理解,她所谓的对我好,并非针对我的需求和喜好而言的。

其实这样的例子随处可见,很多人抱怨说:"我明明对你那么好,为你付出那么多,你为什么不领情?"原因就在于你的付出是盲目的、自以为是的,并没有考虑对方是否真的需要。所以,当你做了很多，但又得不到自己所期望的回报和感恩时，就会开始心理不平衡。因此，付出之前，你要先了解对方的需求，尽可能做到有针对性地付出，不要盲目给予对方并不需要的东西。

⟳ 过分夸大或扭曲自己的付出

很多人的付出都是失去客观标准的，对付出并没有清醒的认知。其实你为对方做了什么，对方心里都有数，只是没说出来而已。所以你付出就可以了，千万不要夸大或者扭曲事实，这样反而会让对方从感恩转变为反感。比如你花了500元给老婆买了一个包，那就不要三天两头强调一遍，更不要撒谎说这个包是1000元买的。一定不要玩这种手段。

除了知道自己需要付出的是什么，也要客观评估付出的价值。因为人的精力是有限的，如果我们先付出了，但是并没有得到相应的回报，就会觉得继续付出太亏，那么这个时候大部分人会怎么做呢？他们会转换策略，也就是通过提升自己的付出感，来让对方知道"我已经为你付出了很多"，企图以此激活对方的内疚，目的是交换想要的回报。如果依然得不到相应的回馈，他们甚至会因爱生恨。因此很多时候，我们会发现我们主观上认为自己付出了很多，但这种强烈的付出感并不能换来相应的爱。

有付出感的人并非天生虚伪，而是他想不到更有效的方式来表达自己的心意。他真正想传达的信息是：我付出了很多，我想得到你的夸奖，想让你明白我有多重视你。但是碍于自己的能力有限，没办法做得更多，而且又迟迟没有得到想要的回应，只能通过这种付出感的方式来换取你的认可。

◌ 刻意弱化自身能力的付出

这个手段也是非常常见的，比如我老婆以前就跟我探讨过类似的话题。我问她什么是爱，她说你手上有100块钱，却仍然愿意为我花99块钱，就比你手上有10000块钱，只为我花1000块钱更爱我。

其实这也是一种增加自己付出感的方式，通过缩小自己的能力，来彰显自己的付出。很多家庭也经常会上演这种戏码，比如有的妈妈会说："我为你付出了所有。""我砸锅卖铁也要供你上学。""为了你，我都……"这些看似悲壮的话语，其实背后的逻辑都是一样的，我什么都没有，却付出了所有，我很伟大。

所以，我们要明白，通过装可怜的方式来升华自己的付出，会将自己置于受害者的身份，并将对方置于加害者的身份。可现实是，没有人愿意成为这样一个坏人。因此，这种手段往往换不回想要的回应。

暗示对方不值得付出

这个也很好理解，比如"你是一个坏蛋，本来不值得被人关心、被人爱，但是我仍然对你很好"，以此来让你形成一种"我为你付出很多"的错觉。我以前做过一段时间的销售，有个客户拒绝了我很多次，但我都没有放弃，最后他看我确实不容易，就给了我签单的机会，我对此也很感恩。可是自那之后，每次我见他，他都会不断地跟我讨人情，言语中透露的意思是，我本不值得他的关照，但他依然做了，所以我要对他感恩戴德。

问题来了，用这些方式增加自己付出感的人本意是希望获得回应和更多的爱，为什么非要用这些方式呢？实际上是因为他们实在没有更有效的办法。如果你也面临这种情况，那可以从两方面来改善。

第一，提升自我觉察。你为了获得对方的认可、回应或者爱，是不是也经常使用这些无效的方法？如果是，请赶紧停止，这是在破坏关系，你得学会一致性表达自己的需求。

什么是一致性表达？就是以客观事实为依据，不带情绪地表达自我的感受，并明确提出需求和期望的沟通方式。这更多是一种商量和探讨的态度，表达的是和善、积极的立场。

比如你辛苦为老公做了一桌子饭菜，希望得到老公的赞赏，想要获得积极的回应，但是老公却没有意识到。这时候，你不用因为委屈就去增加自己的付出感，你可以直接告诉他："老公，晚上我在厨房忙活了挺久，给你做了一桌子菜，可是你却吃了没几口，什么也没说，这让我挺失落的。你是我最重要的人，我很在意你，所以很需要你的回应。"

第二，尝试理解别人。如果你身边有这样的人，请明白，很多时候他只是需要你回应他、爱他，他并非故意让你内疚。所以，你要去尝试看到他们的需求，当他们得到回应和满足的时候，其实就不会再有这些不恰当的索取爱的行为了。

如何提升自己的领导力思维？

我有时候跟一些领导闲聊，发现他们在日常管理过程中经常会遇到这样的情况。比如只顾自己做事，不注意协调员工，一段时间后，发现自己完成了大部分的工作任务；每天起早贪黑，大部分时间在帮员工"善后"，耽误了自己的本职工作；跟群众打成一片，平时说话不注意，到最后两头不是人；有了成绩就跟员工抢功劳……

其实在我看来，这些问题的根源是因为他们缺乏领导力。那么我们就来讲讲认知模式中的领导力思维。说到领导力，其实很多人就有误解，觉得领导力就是职位。一位老师曾分享过一个故事，有一次他在总裁班讲课，有一个学员就说："我们今天坐在这里，就是我们有领导力的证明。"

为什么他会这么说呢？其实不难理解。对于他来说，他是这样想的："我们今天坐在这里，因为我们是总裁，而我们能够当上总裁，就证明我们有领导力。"不过老师听完就直接告诉他说："你们今天坐在这里，并不能证明你们有领导力，只证明你们有领导职位。"

美国有一位领导力大师叫约翰·马克斯韦尔，他本来是个牧师，后来成为非常有影响的大师。马克斯韦尔说过这样一句话："如果我必须界定人们对领导力的头号误解的话，那就是认为领导力只是来自拥有一个职位，或者头衔。"那么真正意义上的领导力指的是什么呢？在我看来，它主要包括三个核心：放权、培养和成就感。

放权

微观管理的核心是控制，强调的是拥有控制权。拥有控制权固然很好，但这并非成功和长期管理的关键所在。因为事无巨细式的微观管理往往会扼杀员工的创造力和多元化的参与性。

所以作为领导者，第一步要学会放权，舍得放权，给员工锻炼的机会，让员工在实战中快速成长。如果任何事情都要亲力亲为，那你就不是一个真正的领导者，而是一个打杂的高级工具人，长此以往会出现各种各样的问题。

那到底如何真正地放权呢？很多领导者认为，我把这件事交给你干就是放权，如果事情偏离自己的预期，立即插手，这是不对的。领导者在布置完任务以后，无论事情大小，既然交给员工了，就要信任员工。因为领导者也不可能想得面面俱到，往往越是自己不认可的行为，越会绽放出耀眼的火花。如果领导者过度插手，员工的能力就得不到锻炼。

所以真正意义上的放权，在我看来要考虑到四个层面。第一个层面是明确放权的三要素：任务、权力和责任。放权时要明确告知员工具体的目标和要求，授权员工在一些事情上可以充分做主，并且告知他在做这项工作时所需要承担的责任。

第二个层面是做到"放手但不放弃，支持但不放纵，指导但不干预"。把权力授予员工，但并不是就可以当甩手掌柜。工作中有很多关键性的问题，如果什么都不过问，就会出现问题。因此，领导者在放权的同时也要关心自己该关心的事情。同时在放权时要规定好权力的范围和职责要求，做好监督，并且要让员工做好反馈。

第三个层面是因人因事，合理放权。放权时要灵活一点，因人因事而定。对可靠、有经验的员工，放权可以大一些，而对做事马虎者或者新人，就要适当放权小一些。当然，对于特别重要的事情，就要放权小一些，甚至要参与把控每一个环节，参与的目的主要是把控进度、总体安排部署，让事情按照既定方向无误进行。

第四个层面是布置完任务要通知其他员工。领导者要告诉其他人："这个任务我交给了员工A，由他全权负责，请大家协助配合A完成任务，有问题直接找他。如果他解决不了，他会来找我。希望各位齐心协力，一起完成任务。"

这个举措一方面让被放权的员工得到足够的信任，会对完成任务充满自信心，更加积极，同时也会让其他员工知道某员工被放权，以便全力配合。

↻ 培养

一个公司想要发展，需要的是人才的推动，以往那个单打独斗的时代早已经过去了。只有手下有能人，公司才有更好的未来。所以管理者的第二大要务就是培养人。

近年来衍生出来一个概念叫作教练式领导，意思是说领导者不仅要把事情给做好，还要充当教练的角色，不断培养手下的员工，激发他们的潜力，然后一群人来推动更大的事业。

教练式领导起源于哈佛大学的一个博士，他办了一个网球俱乐部，但是网球教练人员不够，于是便让隔壁的滑雪教练来教，最后却发现滑雪教练教出的学生比网球教练还要好。

这是为什么呢？因为滑雪教练并不会打网球，所以并没有任何指导和介入。相反，他们会询问选手的感觉，让选手自己体会，然后做出调整。"这一轮你感觉怎么样？怎样打会更好一点？好，你自己调整调整。"滑雪教练的询问帮助网球选手找到了最佳的状态，并且自己去承担成长的责任。而网球教练过多地专注于技术纠错，给学员带来的是挫败感，反而忽略了最重要的成功因素。

那具体怎么做呢？要成为教练式的领导者，首先必须修炼自己的内功心法，做到教练三原则：支持、期待、信任，简称 SET 原则。

支持代表着教练的初心。作为教练式领导，你要做到发自内心地想帮助员工成长，言语上表达"我支持你"很容易做到，但是这还不够，你还需要通过行动去表达支持，真正让员工从内心深处感受到你是跟他站在同一边的，他遇到困难的时候，你会是他坚强的后盾，你会毫无保留地支持他。

期待指的是教练式领导期待有问题的员工自行对问题进行探索和分析，获得成长。很多领导者都犯了一个错误，就是当员工遇到问题的时候，会迫不及待地帮他们解决，以体现自己的能耐，其实这只会磨灭员工从中成长的机会。员工还会在无形中形成一种观念：有问题，找领导，解决问题是领导的事情，我只负责做力所能及的分内事。最终的结果就是，员工越来越无能，领导越来越忙碌。

相信是指教练式领导要做到发自内心地相信每个人都有无限的潜能，每个人都能解决自己遇到的问题，相信每个人都是很棒的。放在具体的工作场景中，就是不要害怕员工犯错。有时候你明明看见他们在某个工作环节上做错了，也别急着指出来，有些南墙是必须让他们自己去撞的。他们只有撞了墙，跳了坑，才会有所成长，有所醒悟。很多领导者害怕员工犯错误，但凡员工稍微出点错，他们就大发雷霆，赶紧去纠正。这看似是为公司利益着想，其实恰恰剥夺了员工从错误中成长的机会。

这里有一个反面教材需要了解一下，那就是诸葛亮。诸葛亮非常厉害，上知天文，下知地理，江湖名号更是"卧龙凤雏，得一人可得天下"。可是他的下场却非常惨，刘备死后，他辅佐刘禅，手下无人可用，最终病死在五丈原。后人评价他："出师未捷身先死，长使英雄泪满襟。"为什么会造成这种局面呢？原因就在于诸葛亮作为一个高级领导，却犯了两个严重的错误：不懂得放权和培养员工。

真正的领导者，不应该什么事情都亲力亲为，芝麻绿豆大的小事都要亲自去干，如果要这样，那还要手下那群兵将干什么呢？其实纵观诸葛亮的一生，他确实是做到了鞠躬尽瘁，死而后已，但错就错在这一点：他作为一个军师，后来成为丞相，很多小事真的不需要自己去办。

其实诸葛亮在世时，蜀国丞相主簿杨颙劝谏他不要过度事必躬亲。杨颙认为："为治有体，上下不可相侵。请为明公以作家譬之：今有人，使奴之耕稼，婢典炊爨，鸡主司晨，犬主吠盗，牛负重载，马涉远路，私业无旷，所求皆足，雍容高枕，饮食而已。忽一旦尽欲以身亲其役，不复付任，劳其体力，为此碎务，形疲神困，终无一成。岂其智之不如奴婢鸡狗哉？失为家主之法也。"

杨颙以治家类比治国，如果家主凡事亲力亲为，去做奴婢、牲畜的事情，不再把事情交给别人去做，为这些琐碎事务耗费自己的体力，反而让自己身体疲劳，精神困倦，最终没有一件事情会成功。难道他的智力不如奴婢和牲畜吗？当然不是，而是因为这违背了一家之主的原则。

可诸葛亮听完似乎并不上心，直接以"托孤之重""惟恐他人不似我尽心"为由婉言谢绝了。最终，诸葛亮殚精竭虑，病死五丈原，真是可悲可叹。

放权有两个好处，一方面表达了自己信任，另一方面也培养了下属。可诸葛亮是怎么做的呢？手下士兵去打仗，他就给人家三个锦囊，遇到危险就打开。长此以往，这些兵将根本不用增长自己的能力，不用学习如何打仗，如何提升自己的思维，因为总有丞相在背后为他们谋划，所以他们的依靠性就非常强，潜力也没有被激发出来。

于是刘备死后，蜀国就变成一个什么样的局面呢？蜀国无大将，廖化做先锋。就是说当时五虎上将相继离世之后，刘备也死了，这个时候的蜀国无人可用了，先锋官都只能用廖化这种角色了。所以，后期的蜀国是特别弱的，无论大小事都需要诸葛亮自己去办。诸葛亮殚精竭虑，最终死在了五丈原。其实五虎上将死后，他们都是有后代的，只要好好培养这些人，还是有可能大有可为的，可惜诸葛亮就不懂得这一点。

成就感

人有一种追求整体、完整、完美的倾向，比如填平一个坑、做完一道题、补全一张拼图、完成一项挑战、赢得一场比赛等。当这些任务完成时，内心会获得一种满足感，而且任务难度越大，完成后所获得的满足感就越大。极致的满足感不仅会带来心灵上的享受，而且会带来生理上的反应，如肌肉紧绷，感觉有一股电流刺激过一样，心理学称之为"高峰体验"，也可以理解为心流、福流等。这种心灵体验就可以称为成就感，也就是达成成就之后获得的身心感受，是一种积极的情绪体验。

人的一生除了有衣食住行等物质需求外，还有精神需求，比如成就感。成就感对每个人来说是非常重要的。它和我们的自我价值息息相关，因为我们大部分人都是通过获得某种成就感以确认自己存在的意义的。

对于员工们来说也是一样的。员工们为什么要为公司效劳？为什么要努力工作呢？除了要跟着你混口饭吃，还希望能在你这里感觉到自己是一个有价值的人，找到自己存在的意义。所以你想要做一个合格的领导者，就要带着员工冲锋陷阵，想方设法去成就他们。

如何去成就他们呢？这就又回到了第一点放权上。你要放权一些项目，交给他们独立去完成，他们在自己的努力下完成某件事情，又获得了你的褒奖，这样他们才会感觉到满满的成就感。

那么在诸葛亮管理的这个军营里，将士们能不能找到成就感？不能。因为诸葛亮根本不放权，不放心把一些事务交给手下人去做，而是要听从自己的指挥。那如果成功了，这份功劳算谁的？肯定是诸葛亮的。所以，手下人很少去卖命干活，因为取得了功劳又不算自己的，没有成就感，就没有行为的动力。

想让员工有成就感，领导者还要时常表达自己的重视，学会吸引人才向自己靠拢。关于这一点，我们可以向曹操和刘备学习。官渡之战的时候，许攸投靠曹操，曹操半夜鞋都没穿，光着脚就出来迎接他。再看刘备，当初为了请诸葛亮出山，三顾茅庐，自己的面子都不要了。

为什么要这么做呢？这么做会给所有员工营造一种感觉，我很重视人才，我求贤若渴，我礼贤下士。

但这一点在诸葛亮那里丝毫没有体现过，诸葛亮要的永远是听话的人，那他就做不好领导。总体来说，诸葛亮的个人能力是非常出众的，但是他的领导力确实有所欠缺，这也从一定程度上导致蜀国到后期根本没有立足之地，很多有才能的人都转投了魏国。

那为什么刘备活着的时候没有出问题呢？其实是因为当时五虎上将还在，关羽、张飞、赵云、黄忠、马超这些人的能力都是非常强的，不需要培养。这个时候的诸葛亮是有人可用的，所以不会出什么大问题。但是五虎上将死了之后，诸葛亮手下无人可用，这个领导的弊端马上就暴露出来了。

所以领导一定要学会放权，不能把什么事都攥在自己手里，而是要把事情分发下去。这样自己就不会那么累，还可以在这个过程中锻炼和培养自己的下属。

第九章
人性亘古未变，学会野蛮生长

免费的东西人人喜欢，却无人珍惜

你对别人的好越没有底线，你的付出就越廉价。等到大家都觉得你的付出可以免费索取时，你就成了最不被珍惜的那个老好人。这段话很扎心，但是很现实。为什么很多人最轻易对自己的伴侣、孩子、父母发脾气？因为对亲人发泄情绪是不需要付出代价的，无论多么过分，亲人依旧会对自己不离不弃。

这也引发我们的思考：正因为亲人的爱是不需要代价的，所以很容易不被我们珍惜。

人们更关注求而不得的东西

2013年，悉尼大学的心理学家们曾做过一项实验。他们招募了270名大学生参与一个校园约会，每个人会收到三个文件夹，分别标着A、B、C。实验人员告诉他们，信封里有一些人物资料，这些人都是被其他学生评价为非常有魅力、有吸引力的对象。

其中，文件夹A中是一个非常热情的人，愿意与一些刚认识的人约会；文件夹B中是一个相对捉摸不透的人，偶尔会和刚刚认识的人约会，通常情况下，他不会直接拒绝，但是也不会轻易接受他人的表白；文件夹 C 中是一个非常高冷的人，从来没有和刚认识的人约会过，基本都是直接拒绝表白和约会请求。

接着，参与者会被问到三个必答的问题：第一，如果选择跟其中一个人约会，你会选谁？第二，如果选择跟其中一个人发生性关系，你会选谁？第三，如果选择跟其中一个人建立一段长期、忠诚的感情，你会选谁？

实验结果表明：总体上，人们更愿意和热情的 A 发生性关系，但是更喜欢跟相对捉摸不透的 B 约会，或者建立一段长期稳定的关系。但这些选择也存在一些性别差异：男生更喜欢跟热情型女生发生性关系，而女生则更喜欢跟高冷的、让人捉摸不透的男生发生性关系。在长期伴侣的选择上，男生和女生都偏爱捉摸不透的对象，但是男生会比女生更偏爱高冷的对象。总结起来，无论是男生还是女生，他们都更喜欢跟捉摸不透的人建立一段长期的、忠诚的爱情。

《爱情的逻辑》这本书也提到这个现象，就是我们很容易对那些曾经对我们不好的人，或者优秀但不怎么搭理我们的人念念不忘，因为我们或多或少都有一点"求而不得"的情绪在里面。

为什么人会对求而不得的东西特别关注呢？因为人性贪婪。人类所有的行为都会指向一个终极目的——提高自己的生存概率。理论上来说,一个人拥有的资源越多,就越能应对各种不确定风险,生存概率就越大,所以人也就越贪婪。

贪婪不仅仅是无穷无尽地向外索求,因为我们不仅要获得更多的新资源,还得保住现有的资源。如果得到的还不如失去的多,那就会得不偿失,人就会表现出一种"不贪婪"的贪婪。所以当我们获得一个新资源时,大脑会给出一个"欣喜"的信号,而当我们失去了还想要的旧资源时,大脑会给出一个"痛苦"的信号。这些信号会通过生理反应表现出来,以此控制我们的行为。

喜新厌旧背后的人性规律

那么,什么时候我们会选择"获得更多新资源",而不是"守旧"呢?当我们已经拥有某些资源达到一定时间,且判断其有更大的概率会继续属于我们时,大脑就会倾向于将这种"拥有"状态视为理所当然,让"拥有它们"带来的幸福感递减,同时夸大还未获得的东西的心理效用,引导我们把更多的精力用于"贪婪"。

简单说,就是对于那些很容易得到的,且我们预期到接下来很长时间内还能拥有或得到的东西,我们的大脑就会对它进行主观地贬值。而对那些没得到的其他新资源的价值,我们则会进行主观地放大。我们平时所说的"喜新厌旧",背后其实就是这个逻辑。

这种大脑设定所带来的结果就是，一个东西越是便宜，越是容易得到，越是经常得到，我们对它形成的价值判定就会越低。所以你会发现，世人大多数的表现都是，看到免费的东西都喜欢哄抢，但是抢到手之后绝不会珍惜它，经常得到的东西则会习以为常，觉得理所当然。

我有个朋友是做美容的，为了拓展生意，她免费推出一套美容服务，并通过发传单的形式来宣传自己，结果无人问津。因为人们都有这样一个思维定式：免费送的会是什么好东西呢？肯定是三无产品。

后来我帮她出了一个主意：首先把这个服务包装成一个套餐，制作成VIP卡，明码标价399元，然后再找附近的商家合作，比如高端理发店、女装店、酒店、健身俱乐部等。可以和商家约定好，只要在店里消费满98元，就可以拿着这张VIP卡享受免费服务。对于这种资源置换，商家也很乐意。最后效果果然很不错，她挖掘到很多精准客户，都建立了长久的合作。

这个世界在很大程度上跟我们想的不一样，如果我们纯粹地活在自己的主观世界里，一直在基于自己的主观世界做功，即便再努力，也很可能无济于事。我们只有真正从人性的角度去审视这些本质规律，才能更好地达到自己想要的结果。

别人对你是好还是坏，取决于你

我之前所在的公司有个女主管的能力很强，常常没日没夜地工作。一开始大家都觉得她傻，随着后来打交道多了，我慢慢跟她熟了。有一次，我俩一块儿去吃饭，我就问她："你怎么这么拼啊？"她喝了口酒，无奈地说道："人在江湖，除了变强，别无选择。"

当时我不理解，她就给我讲了个故事。原来她刚进入公司的时候，心思单纯，什么事都没想那么多，也不怎么上进。后来公司有个男同事，总是有事没事骚扰她。她很烦，可是又没办法。后来她跟朋友聊天，朋友就跟她说了一句话：别人敢这么对你，是因为你太弱，得罪你的成本和代价很低。那一刻，她顿悟了，开始拼命工作，不到半年连升两级，后来更是成为公司主管。曾经总是骚扰她的人，见到她都是绕道走，最后直接辞职了。

很多人总是抱怨：为什么自己被伤害？为什么自己被坑？为什么别人这么对自己……其实，别人怎么对你，很大程度上是你自己造成的。正如某位演员有次被采访时所说的，自己成名前，到处都是小人，有着各种各样的阴谋算计，可是成名后，周围都是笑脸。

当你强大了,身边全是好人

所以,你身边围绕的是谁,怎么对你,都是由你自己决定的。你弱了,身边坏人就多了;你强了,身边好人就多了。人这一辈子,要做的永远都是修炼自己。外在的一切,我们都无法主导,我们唯一能够控制的只有自己。所以对于强者来说,他们永远相信一个逻辑,就是自己强大了,一切问题都将不再是问题。

很多人会通过讲道理的方式去为自己的价值观辩护,为自己的生活方式辩护,以此来证明自己是对的。但强者很清楚,这基本上是不可能的,也是非常幼稚的。一个人想要为自己辩护,最好的方式就是变强。

这就好像你去与人沟通,很多时候你还没开口,你的身份地位其实就说明了一切。如果你足够强大,哪怕你讲的是错误的话,也有人听,也有人为你圆场,也有人包容你。如果你本身的价值非常低,那么即便你讲的是非常正确的话,也没有人会听下去,更别说支持你了。

这一点在职场中被演绎得淋漓尽致。有时候大家哪怕都知道你是对的,领导是错的,那又怎么样呢?大家照样支持领导,而不会支持你。所以你最应该做的就是让自己尽可能变得强大,只有你变得强大了,才会拥有更多的话语权。那怎么变强大呢?

第一，把更多的时间和精力聚焦在自己身上，不要过分关注别人的生活，别人过成什么样都跟你无关。我们要找好自己的方向，然后在这个领域里面深耕。

第二，把所经历的一切当成磨刀石。不再抗拒和抱怨我们所遭遇的一切，而是把一切都当成一次试炼自己的机会，更多关注自己在经历了当下的事情之后，能有什么心得。

第三，发自内心地主动一点。在做很多事的时候，我们要开始有一个主人翁意识，不是为了应付谁、迎合谁才去做这件事。我们要意识到，只要沉下心来真正把事情做好，首先受益的就是我们自己。比如说我们去公司工作，很多人觉得要偷懒一点，这样自己就赚到了，亏的是老板。其实并不是这样，我们偷懒的时候，耽误的也是自己的时间。

当我们能够做到发自内心地主动了，我们首先考虑的不是在为老板工作，而是能够意识到自己做什么首先都能够磨炼自己，让自己有所得，是跟自己的利益切身相关的，这样我们就会认真积极地对待当下的每一件事，尽可能地去完成，并且做到最好。当我们保持这种心态的时候，才能最大程度上提升自己。

做人最怕心里想要利益，嘴上却讲道德

如果用一个词语来描绘大多数人现在的生活状态，那就是"刻意"。什么意思呢？就是人们都戴着面具生活，为了某种目的或者想要的结果，在压抑自己的内心，刻意做一些内在实际上并不愿意做的事。面具就是一个人在与社会互动时用来维系自我生存的伪装，它能为自己与环境带来和谐的相处方式，但也让一个人看似活着，其实活得很不真实。所以很多人经常会感到心累，感觉人生没有意义。

◎ 别活在面具之下

我有个朋友性格直率、坦诚，大学毕业后进入了一家私企工作。为了谋求发展，他不得不和周围人搞好关系。为此，他开始假装合群，刻意讨好，每天晚上去查找大家感兴趣的话题，面对自己不喜欢的事也要假装喜欢。可是当他这样做之后，却发现自己越来越不像自己了。他以为合群后能够更开心，可结果是更不开心了，甚至觉得心累，人生没有意义。于是没多久，他就辞职了。

因为他一直在那里刻意伪装，为了讨好别人丢掉了自己的底线和原则，让内在和外在一直处于撕裂状态，最终越来越心累、

痛苦。

从心理学逻辑上来讲，我们每个人的内部都有两个自我：一个是真实的、虚弱的自我，另一个是虚假的、强硬的自我。虚假的自我是为了保护真实的自我而衍生出来的保护性自我，它像一个面具一样被戴在当事人脸上，是他们在与环境互动中采取的保护性策略。只不过这种保护性策略用得太久，他们早已意识不到这种替换，久而久之，他们内心对于自我的认识可能会有两个声音。在通常情况下，外界激活的都是虚假自我的声音，只有当事人自己知道，他还有另一个自我。当这两种自我一起出现的时候，就会打破一个人的平衡状态，让一个矛盾、痛苦，甚至进入内耗当中。

另外，刻意伪装的副作用是非常大的，因为伪装的你必然会给别人高期待。而且，既然是伪装，就必然有被识破的一天。当真相被揭开的时候，对方对你只能是无尽地失望。这一点可以通过均值回归原理来理解。均值回归指的是无论是低于或高于真实价值的状态，都有向真实价值回归的趋势。其回归趋势的强度就类似于弹簧，偏离中心越远，回弹的强度就越大。

那么一个人的伪装其实也是一样的。每当你表现出来的价值高于自己的真实价值时，你都相当于在给弹簧加力。你装得越厉害，向真实价值回归的强度就越大。在你通过刻意伪装收获更多人的喜欢和崇拜的同时，出糗的可能性也同比增大。理由很简单，想要长期维持在一个远高于自己能力的状态，这是不可能做到的。

所以伪装的结果就是，总有一天你会装不下去，你会暴露真实的自己，这样你们的关系就会出现很大的问题，可能还远远不如一开始就别伪装。

有人曾问我："王老师，你写那么多文章，表面上说要帮助人，但其实都是要收费的，所以你也是为自己的利益着想，是吧？"我直接回复他："我之所以分享这种技巧，一方面是因为我自己本身就非常感兴趣，而且这种知识还能够帮到别人；另一方面，我能够通过提供价值赚到钱。"

死要面子只会活受罪

一个人最愚蠢的行为，就是明明心里想讲利益，但嘴上还硬撑着讲道德，最后死要面子活受罪。人性本自私，这是事实，天上哪会掉什么馅饼，所谓"无利不起早"就是这个道理。所以，先把自己的认知清理一下。活得简单点，别让自己的内在和外在打架了。

- 明明不熟，见面还非装得十分热情，散场后自己心里又嫌弃自己。

- 请人吃饭，就想花300元，结果还装大方让对方随便点，结果人家点了贵的菜，却又生气。

- 同学聚会，明明不想去，但嘴上又不拒绝，结果去了又看不惯同学们虚伪的表现。

- 对方欠了钱，想跟对方要，但嘴上又说没事不着急，说完心里又骂对方不讲信用……

天天这样，不累吗？

我妈没什么文化，只读到小学一年级，但她跟我说过这样一句话："人就这一辈子。"如果你觉得自己现在并不完美，你可以不断提升自己，而不是敷衍、掩饰和欺骗。欺骗自己，事实上为难的是自己，你会离完美越来越远。而且，不是每个人都是傻子，你可以假装一会儿，却没有办法永远活在一个不属于你的形象里。一旦别人看穿了，你的形象只会更加减分。

总之，人们不可能一辈子都生活在贝壳里。其实当你露出真面目的时候，别人也会用真面目来看待你，你很有可能得到的是与你志同道合的朋友，是更适合你的生活方式。所以，简单一点，真实一点，直接一点，随性一点，你会快乐很多！

普通人逆袭的
27条人性真相

怎样才能快速成长？

人生第一课就是直面人性的自私，学会从利益的角度审视一切。

1. 接受人性的自私，你才能真正为自己的人生负责。你做的所有选择本质上都是对自己有利的。即使失败，你也没资格责怪别人，只怪你的认知水平不够。

2. 接受人性的自私，你才会对别人有更大的包容性，理解别人的所作所为。

3. 能够把握住更多的机会，不会在合理的利益面前被所谓的道德束缚，做出错误决策。

如何在人际交往中少受伤？

你的大多数痛苦，都是源于看不透社交背后的隐秘逻辑，只会成为待宰的羔羊和自怨自艾的可怜虫。

1. 要做富的好人，不要做穷的好人，没有能力的好没有意义。
2. 你的穷会让周围人产生负担，这种负担会把周围人逼成"坏人"。
3. 弱者之所以弱，是因为不肯相信并发展属于自己的力量，只期待着救世主能够拯救自己。
4. 成年人最大的生存法则，是不轻信。

如何建立人脉关系?

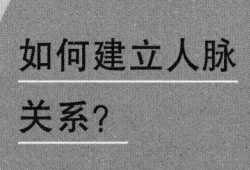

通过吃饭、喝酒、唱 K 建立起来的关系没有价值,只要涉及利益,所谓的"深厚感情"转瞬即逝。

1. 30 岁之前,把所有的时间、精力放在自我成长上,全面提升自己的价值。

2. 想要连接高段位的人脉,最核心的是成为他们的"价值供应者"。不要期望别人能为你做什么,先问自己能给对方提供什么价值。

3. 关系的产生,本就是人性自私的结果,因为靠个人无法完成某件事,或者最大化获利,所以势利是必然的。

如何在职场生存?

这是一个狼吃羊的社会,资源是有限的,所以竞争是必然的,而且是残酷的。

1. 告别所谓的学生思维,不要对他人有很高的道德期待,想不通的事就用利益分析法。

2. 明确自己想要在工作中得到什么,接受人的复杂性,学会不轻信。

3. 不断提升自己,既包括专业能力的提升,也包括公共基础能力的提升,比如演讲、写作、人际交往、沟通协调等能力。

如何才能成事？

所谓怒目金刚，既有慈悲心肠，又有雷霆手段。如果你有很严重的道德包袱，只能一事无成。

1. 谋之于阴，成之于阳。鄙视手段的人，恰恰是为了遮掩自己的肤浅。

2. 没有勇气争取自己本该得到的一切，并美其名曰"高尚"，不过是可耻的自我安慰。

3. 大家各有各的手段，同时又觉得各有各的不择手段。

如何确定自己是不是有价值的人？

成年人的世界，要成为一个有价值的人。你可以问问自己这几个问题：

1. 我在被谁所需要？
2. 我提供的这种价值具备稀缺性吗？
3. 我所认为的价值，确实是对方想要的吗？
4. 我该如何提升自己的价值？

想知道赚钱的隐秘逻辑吗？

只有从底层快速成长起来，才能打破原有阶层，赚到更多的钱。

1. 扩展自己的认知边界至关重要。
2. 通过信息差赚钱是最直接轻松的赚钱方式。
3. 避免侥幸心理，看清背后规律，搭建被动赚钱体系，是成功人士的真正杀招。
4. 稳就是快，慢就是快。
5. 找到你的价值生态位，疯狂输出价值，利益自然会来。
6. 拥有满足人某种自私的能力，就能拥有利益。

应该树立怎样的金钱观?

很多人赚不到钱,是一种必然,因为他们把钱看作万恶之源。还有一些人不会花钱,钱放在手里也会贬值。

1. 趁年轻就要多赚钱,成年人的底气是钱给的。
2. 人自由的前提是有稳定的经济来源,"佛系""躺平"都是无能的借口。
3. 合法、合理地赚钱不丢人,别人给你的钱越多,说明你给别人提供的价值越多。
4. 如何花钱,决定了接下来你能否赚到更多的钱。
5. 只有穷大方,没有富大方,成功人士不会被钱奴役。
6. 金钱只是媒介、工具,不必执着于钱本身。

你是怎么被骗的?

你可以不主动骗人,但是也要对背后的人性有一个清晰的认知,防止被骗。

1. 每个人都在被认知更高的人收割,收割不可怕,但不要被骗。

2. 避免上当受骗的要诀就是不相信天上会掉馅饼。

3. 必要的"装"是成事的手段,毕竟对方不了解你的时候会相信自己的第一印象。

4. 想要别人相信着火了,就要先制造烟,有些逻辑看似合理,其实只是刻意为之的手段。

行走社会的生存法则有哪些?

社会残酷,不是童话故事,你要懂点那些遮掩在皮囊下的人情世故规则。

1. 宁得罪君子,不得罪小人。
2. 要么不出手,出手就致命。
3. 变强的第一步,是承认和接受自己的弱小。
4. 只要还在桌上就有翻盘的机会,怕的是被踢出局。
5. 实力不足以睥睨天下时,就要学会韬晦。
6. 永远不要低估周围人的嫉妒。

为什么习惯依赖注定受伤?

依赖本身就是在编织一个自己无法控制的悲惨童话,不将重心放在自己身上,反而过分向外寻找寄托,最终只能失望,甚至绝望。

1. 依赖别人,就相当于把生命的主权拱手相让。
2. 你相信别人的承诺,就意味着要承受落空的可能。
3. 不要指望在牵扯利益的情况下,对方能先考虑你。
4. 你需要逼自己一把,否则就无法释放无穷的潜力。
5. 真正的强者不会对不可控的事情产生太多期望。

要不要合群？

很多人认为合群才有安全感,但是这并不明智。所谓的长袖善舞,不过是一种自我欺骗。

1. 认清自己,找到自己的真正优势所在。
2. 学会独处,在这段时间里笃定自己想要的是什么。
3. 放弃合群,避免外在的消耗,专注做好要做的事。

该怎么对待规则？

人一生下来就笼罩在各种规则之下，只有对此有一个清晰的认知，才能突破原有阶层。

1. 高手永远不盲从规则，而是能够跳出来看清规则。
2. 规则的存在本质是为了保证某个阶层的人的利益。
3. 规则对自己有利，就强调规则；规则限制自己的发展，就寻找规则的漏洞。
4. 要突破父母的认知，走老路拿不到新的结果。
5. 你要强大到能制定规则，否则受委屈是必然的。

如何成为一个有脑子的人?

动脑之前要分清立场,否则你一定左右矛盾,犹豫不决,得不出结果。

1. 多了解与问题相关联的客观条件,你了解得越多,出错的概率越小。

2. 问题之所以复杂,是因为掺杂的因素多了,思考的前提是去掉冗余信息。

3. 跳出因果逻辑,你生气,并不一定是孩子犯了错。

4. 找原因不是目的,解决问题是目的。

弱者要摆脱哪些错误思维？

有时候，你之所以是弱者，是因为思维不对。

1. 过分高尚，以主动争取为耻。

2. 喜欢特权主义，总是期望能破格获取。

3. 对他人有很高的道德期望，认为我爱人人，人人就得爱我。

4. 从不发展自己的力量。

5. 只追求短期利益，不具备长期视角。

6. 封闭思维，拒绝接受一切新事物。

有客户投诉你，该怎么办？

正确做法不是证明、解释、推卸责任，而是先认同对方的观点，再带动对方解决问题。

1. 我很理解您现在的心情，如果我是您，遇到了这样的事，我可能会更生气。
2. 我知道您来告诉我们这个问题，也是想要我们做得更好，是对我们负责。
3. 为什么不坐下来一块儿聊聊呢？

怎么给别人提建议？

随意给别人提建议，只会误入别人的因果，招致无谓的痛苦和烦恼。

1. 只有掌握足够多的客观信息，才有发言权。
2. 把握大的方向即可，在一些小事上要充分相信、支持对方，不要干预。
3. 不要慈悲心泛滥，犯错、摔倒是人生常态，更是成长必备，需要冷眼对待。
4. 提供某种建议的前提，是能够为自己的建议负责。
5. 未经他人苦，莫劝他人善。

如何做到实事求是？

我们要探索人类主观意识以外的客观存在，搞清楚它的发展脉络。

1. 看清当下的客观情境，深入调查，而不是凭感觉。
2. 具备检验思维，实践是检验真理的唯一标准。
3. 具备灵活意识，不怕出错，怕的是错了还不知道调整。
4. 接受变化，保持开放性。
5. 按规律办事，而不是按自己的主观认识办事，不要想当然。

精神内耗时可以做些什么？

天天闲得只剩胡思乱想的人，往往是活得最累的。

1. 找一个安静的地方坐下来，观察自己的情绪、感受，但不做评判，让它流经你的全身。

2. 尝试看清楚焦虑、内耗的背后是什么，自己可以做些什么，行动起来。

3. 做课题分离，关注自己的课题，放下别人的课题。

4. 尝试让情绪、想法待在身体的某个区域，任它自由来去，自己则全神贯注于当下要做的事。

5. 练习一下正念。

婚姻的致命伤有哪些？

很多人对婚姻的认识并不深刻，一直在用错误的方式经营婚姻。

1. 一味地坚持自己是对的，而忘记让感情更好才是最重要的。
2. 婴儿心态，过分依赖另一半，而不能学会自己照顾自己。
3. 不愿分享内心的情绪感受。
4. 只懂得息事宁人、谦让、忍耐。
5. 不知道如何处理冲突。

如何不轻易被他人带节奏？

要有独立思考的理性能力，不能轻易被别人影响。

1. 保持怀疑，具备批判性思维。
2. 不只关注信息，更关注信息来源。
3. 通过检验辨别信息的真伪。
4. 提升自己的知识储备和见识。

如何高情商地表达自己的感受?

不批判、不指责、不贴标签,只针对具体的事件和行为,表达自己的内心感受。

1. 你刚刚跟我说话的时候很大声,这让我心里有点难受。

2. 看到你这样做,我内心其实挺失落的。

3. 你这样做应该也有你的道理,只是我觉得自己有点被忽视了。

如何让自己的付出更有价值？

付出是人际交往最常见的模式，但很多人的付出是不健康的，所以并不能换回爱。

1. 你所付出的，是不是对方内心真正想要的？
2. 你是否对对方的回应有着很高的期待？
3. 你是否扭曲、放大了自己的付出？
4. 你是否因为付出，就无形地站在道德制高点？
5. 你的内心缺爱吗？你是否在通过付出，企图换回对方的爱，填补内心的匮乏？

老员工不服管，怎么办？

你刚刚升职，手底下一些有资历的老员工不服管，反复沟通都没效果。

1. 不要一开始就针锋相对，要逐步攻破。
2. 扶植、培养忠于自己的下属。
3. 核心业务、重要资源向自己人倾斜。
4. 降低老员工的不可替代性和影响力。

如何让别人更加珍惜你？

关系的背后都有着复杂的人性，你把人性看明白了，才能更容易达到自己想要的结果。

1. 那些你跋山涉水，历经险阻见到的人，才会珍惜。
2. 当某种"好"得到得太容易，就成了理所当然。
3. 当碗里的肉没那么牢靠时，他才不会盯着锅里的。
4. 求而不得，才最珍贵。
5. 忠诚并不靠谱，你有利可图，我才愿意忠诚。
6. 下游的水要干了，没有人能阻拦鱼儿往上游走。

如何让别人不敢随意欺负你?

别人怎么对你,很大程度上都是你教会别人的。

1. 不要让别人轻易看透你,底牌要藏好。

2. 在社交场合中能够适时冷场,敢于沉默,能沉得住气,静静等待。

3. 眼睛不要躲闪,敢于正视对方。

4. 触及自己原则的行为,一定要当即回击。

如何接纳当下的真实的自己？

很多人活得累，是因为面具戴久了摘不掉，可是内心的真实想法又忽略不了，这种撕裂状态是最痛苦的。

1. 充分接受和体验自己的情绪，通过情绪进一步深度地认识自己。
2. 明白接受不等同于现实无法改变，反而是接受了，才能开始改变。
3. 可以向往完美，但是不刻意追求。
4. 灵活一点。
5. 学会原谅自己，允许自己犯错。